高情商
人士的
12项核心能力

■ 孟朝晖/著 ■

新华出版社

图书在版编目（CIP）数据

高情商人士的12项核心能力 / 孟朝晖著. –– 北京：新华出版社，2017.7
ISBN 978-7-5166-3372-4

Ⅰ.①高… Ⅱ.①孟… Ⅲ.①情商－能力培养 Ⅳ.①B842.6

中国版本图书馆CIP数据核字（2017）第171554号

高情商人士的12项核心能力

作　　者：孟朝晖

责任编辑：朱思明　　　　　　　　封面设计：李尘工作室
责任印制：廖成华

出版发行：新华出版社
地　　址：北京石景山区京原路8号　　　邮　　编：100040
网　　址：http://www.xinhuapub.com
经　　销：新华书店、新华出版社天猫旗舰店、京东旗舰店及各大网店
购书热线：010－63077122　　　　中国新闻书店购书热线：010－63072012

照　　排：臻美书装
印　　刷：北京九州迅驰传媒文化有限公司
成品尺寸：170mm×240mm
印　　张：17.75　　　　　　　　　字　　数：265千字
版　　次：2017年11月第一版　　　印　　次：2017年11月第一次印刷
书　　号：ISBN 978-7-5166-3372-4
定　　价：38.00元

目 录
CONTENTS

前言

任何人都会生气，这很简单。但选择正确的对象，把握正确的程度，在正确的时间，出于正确的目的，通过正确的方式生气，这却不简单。

——亚里士多德《伦理学》

一、追求卓越，职业人士需要具备哪些核心特质

在人才发展的研讨会上，来自不同领域、行业和企业的专业人士共聚一堂，大家探讨的重点是：追求卓越，职业人士需要具备哪些核心特质？

● 戴姆勒·奔驰公司：我们对组织内部高潜力个体的要求，越来越强调组建团队和应变能力这两个维度的个人素质，对于优秀的管理者，则更关注创新能力和集思广益的能力。

● 中国移动公司：我们每年都要在各大名校招收大量的应届毕业生，特别期望这些年轻人不光具备良好的在校成绩，而且能够具备一定程度的自我管理、为人处世和适应社会的能力。

● 高盛投资银行：公司的从业人员大都出身名校，非常聪明。投行的工作不是仅仅针对经济模型和抽象的数字，更多的还有和客户之间的大量的沟通。客户往往是董事会级别的成员，我们希望投资顾问们在倾听、提问、社交能力包括影响力等方面能够有实质性的提高。

● 阿里巴巴：在 BAT 的光环下工作是件值得自豪的事情。高速成长的公司，随处可见的机会，年轻人们目标明确，自信心强。我们特别希望这些90后，能够在组织中具有感召力，愿意作出贡献，特别是要提高对挫折和逆境的适应能力以及灵活应变的能力。

　　卓越的组织需要卓越的个体，而每一位个体内心都有成就事业的渴望。在讲授《高效能人士的 7 个习惯》课程的课堂讨论和课下交流过程中，经常会有来自不同岗位的学员提出如下问题：

　　（1）有哪些个人特质非常重要，可以帮助我找到一份好工作并赢得升职？

　　（2）处理好各种人际关系，需要培养哪些个人能力？

　　（3）我一直很努力，工作有些进展但过得并不开心，如何调整自己的状态？

　　（4）关于个人发展的理论非常多，如何实践并且掌握这些方法呢？

　　哈佛大学关于个体素质领域的研究，也曾经试图分析类似的问题："哪些智力因素推动人们在不同工作岗位上、不同领域和机构中获得成功？"研究结果令人震惊："工作表现是否卓越，情商比智商更重要。"需要澄清的是，这里所讲的情商并不是通常所指的行为温和儒雅，也不是指个性随风飘扬，而是指能够持续培养的、与个体认知智力相对应的个体情感智力。

　　没有情商的智商是苍白的，而没有智商的情商是盲目的。情商与智商之间的关系既相对独立又相互统一。情商（Emotional Quotient , EQ）是对情绪智力（Emotional Intelligence , EI）的一种通俗、大众化的说法。智商（IQ）是智力商数的简称，是一种表示人的智力高低的数量指标。只有将智商和情商的发挥相互结合，才能够持续提升一个人的事业成就和幸福生活。

二、本书的写作目的，及各章内容

　　情商概念正在世界范围内得到广泛传播，国内外对其研究的热潮方兴未艾。情商教育的提出之所以能够对人们的观念产生震动，在于它揭示了传统人才发展日益关注的一些问题，如自我认知、情绪管理、人际交往和协作创新等方面。在发展上述能力的过程中，恰恰是情商而非智商因素在起着日益重要的作用，而高情商并非与生俱来，关键在于后天培养。目前，相关领域主要的专业研究包括：

　　● 美国耶鲁大学第 23 任校长彼得·萨洛维 (Peter Salovey) 和新罕布什尔大

学的约翰·梅耶（John Mayer）教授在 1990 年第一次提出"情绪智力"的概念，将情绪智力纳入智力的家族并坚持科学量化的道路，研究采用的是能力模型取向。能力模型反映了直接与标准智力定义相关的、人的实际心理能力。梅－萨模型受到一个世纪以前智商研究模式的影响，属于传统的智力研究。

● 美国哈佛大学心理学博士丹尼尔·戈尔曼（Daniel Goleman）认为情绪智力是人格因素和非人格因素的混合物，其情商模型侧重于工作和组织领导力的表现，融合了情商理论和近几十年个体竞争力的模型研究。戈尔曼将情绪智力定义为：包括自我意识、自我调整、社交意识和社交协作等 4 个维度的个体综合素质。他认为情绪智力在帮助个体取得成功上起的作用比智力的作用大，并且情绪智力可以通过经验和训练得到明显的提高。

● 以色列心理学家鲁文·巴昂（Reuven Bar-On）提出的情商模型以其幸福研究为基础，给情绪智力列出了一组人格特点菜单，如同情、动机、坚持性、温情和社会技能等。巴昂将情绪智力定义为：影响个体有效应付环境需要和压力的一系列情绪、人格和人际能力的总和。巴昂的情绪智力由个体内在成分、人际成分、适应性成分、压力管理成分、一般心境成分 5 大主成分构成。其中，个体内部成分包含情绪自我觉察、自信、自我尊重、自我实现和自立 5 种相关能力；人际成分包含移情、社会责任感和人际关系 3 种相关能力；适应性成分包含现实检验、问题解决和灵活性 3 种相关能力；压力管理成分包含压力承受和冲动控制 2 种相关能力；一般心境成分包含幸福感和乐观主义 2 种相关成分。同时，巴昂也推出了世界上第一个情商问卷量表 EQ-i 模型。

借鉴上述学者的专业研究，我们希望《高情商人士的 12 项核心能力》能够联结现实，化繁为简。本书试图帮助您将情商领域的理论研究转化为个体应用的实践指导。这是一本培养情商的自助图书，希望这本自助手册能够成为一把便捷钥匙，帮助您启动发展个体情商的实践旅程。

本书的主要内容简介如下：

"促进个体实践，将 12 项核心能力转化为 36 个关键行为"是本书探讨的重点。我们将 36 个关键行为特别设计成 36 个应用模块，每个应用模块包括案例说明、行动指导、实用工具、自测分析和思考练习。如果您在阅读过程中能够运用 36 个实用工具完成每部分内容所对应的思考练习，学习成效将会倍增。

您可以扫描如下二维码，下载相关实用工具的电子图表。

微信公众号：培养情商

第一章
概述

　　情商是指个体识别和调节自身情绪，激励进取，控制行为，感知他人情绪，促进理解，构建人际关系和达成人际协作的能力状况。情商与智商不同，前者特指情感智力，后者特指认知智力，这两类智力发挥作用时涉及大脑不同脑区的运作。情商与情感中枢活动密切相关，并且与大脑认知智力的活动彼此协调。

第一节　为什么需要培养情商

案例 1：《中国 MBA 经典案例》项目赔了钱

在 2003 年，我曾经负责主持《中国 MBA 经典案例》项目。我们组建了一个智力密集型的专业团队，来自国内知名高校工商管理学院的数位一线教授专门负责案例终审，近 20 位来自企业经营管理专业的研究生专门负责案例采集和撰写。我们信心满满，从出书到制作光盘，从制作电视片到多渠道的市场营销策略，搞得热火朝天。

一群研究经营管理的专业人才，运营本专业范畴的技术项目，哪有不受欢迎的道理？可非常遗憾的是，18 个月的时间付出与辛勤劳作，项目最后预算用尽，赔了钱，以失败告终。有趣的是，同期一本由个体图书经销商投资出版的低成本管理图书十分畅销，反而赚了大钱。

为什么高智商的团队在商业项目运营上会输给缺少专业理论背景的个体呢？

案例 2：资深的软件开发工程师丢了单

在 2011 年，我曾经投资手机移动终端的应用软件开发项目。在两年期间，有 36 个不同类别的 APP 产品投放市场。项目初期，我们将苹果商店平台的 APP 软件编程，委托给了一个由三位 20 多岁的年轻人组成的创业团队负责；安卓平台的 APP 软件编程邀请了一位在跨国公司工作的高级工程师负责，他也是我上 MBA 时的同班同学，当时班里的高材生，各科成绩名列前茅。

令人惊讶的是，在启动后续项目时，当我们想将所有编程工作交由一方负责的时候，公司项目经理给我的提议是：选择那些年轻人，而且即使费用高些也值得。当我问他原因时，项目经理给我讲了这样的事例。"有一次，我同那些年轻人一起调试软件功能，由于对新买的 iPhone 不熟悉，闲谈间，我至少问了他们超过 20 个如何使用手机的小问题。难得的是，他们都逐一耐心解答。"接着他又讲道，"我也和你推荐的那位资深工程师有过许多接触，他非常专业，作风严谨，会提供规范的编程计划书。但是，他从来不愿意跟我讨论委托协议之外的任何问题。我对与那些年轻人的长期合作更有信心。"

为什么资深的软件工程师却丢了订单呢？

思考与练习

（1）你是否曾经面对某人，他所讲的话有道理，可是你就是不想听？

（2）你是否曾经面对某人，不管他所讲的是什么，可是你都愿意听？

（3）如果你有类似的经验，那么背后的原因是什么呢？

一、针对智商的有限作用，情商的影响不容忽视

● 20 世纪初期，科学管理之父弗雷德里克·泰勒（Frederick Winslow Taylor）曾经倡导效率分析，之后，专家们尝试通过智商测试来预测个体表现，探究工作业绩出色的内在原因。

● 20 世纪 60 年代，人格测验和类型学曾经风靡一时，一个人是外向还是内向、是感觉型还是思考型，人们尝试以此作为衡量个体工作潜力的规范标尺。

● 1973 年，哈佛大学的戴维·麦克利兰（David C. McClelland）教授发表了一篇题为"测智商不如测能力"的论文，提出了"依据个体从事各类工作的表现水平来衡量个体能力"的全新标准。这里的个体能力是指提升更有效、更卓越工作表现的个性特征、个人习惯或特质。从此，研究的焦点开始投向大量个体的表现分析。

哪些特质有助于个体表现出色呢？汇总大量事实，剖析背后原因，研究人员确认了个体认知能力即智商不可忽视的基础作用，同时也意识到智商作用的局限性。在工作复杂程度较低的领域，个人的认知能力和工作表现有一定的直接关系。例如，一个较聪明的门卫表现会比平庸者好。但是，在较复杂的工作

领域中，比如管理人员或者工程师，仅仅智商高和技术精湛并不能确保他们就是工作中的佼佼者。影响个体工作业绩的原因除了智商和专业技能之外，个体的情感能力不容忽视，我们将这种至关重要的情感智力简称为情商。

案例：工作越复杂，情商越重要

有一次，我在北京金融街的一家投资银行讲授领导力发展的课程。午餐时，和两位清华大学毕业的年轻人坐在了一起。当我们聊到金融行业的工作压力大时，其中一位年轻人感慨道："曾经有位室友，的确智力超群。就拿打桥牌来举例，上学时，有时候打桥牌打到了第二天凌晨，在我和其他几位同伴都已头脑发蒙的时候，那位室友往往还可以回想起昨晚的某副牌的细节，滔滔不绝，同时精确计算手中这副牌怎么打才好。后来，他拿到奖学金，进入一所海外名校深造，毕业后在国内一家著名的金融机构工作。对他而言，好像这一切都很轻松。

"不过，听说他最近升职后遇到了麻烦。他负责一个跨区域的项目团队，从多元化的团队组成到灵活多样的协作方式，无论是难缠的客户关系，还是琐碎多变的日常管理事务，都令他头疼不已。他的工作风格与众不同，厌恶风险，非常现实，从来都不会对项目前景等类似的话题感到兴奋。在项目会议上，他总是像'报出身体重量的计重器'那样，用机械单调的语气说话。他喜欢讨论数字，讨厌讲故事和谈感受。他对工作以外的事情没有丝毫兴趣，只有在极少数的情况下才会谈到个人生活。他一直很拼，只是好像现在效果不太好。"

闲谈中，另一位学员感慨道："说来奇怪，我们经常参加同学聚会，大家经常会聊到一种现象：班里当年学习成绩最好的几个同学，好像并不总是后来发展得最好的；而在上学时特别调皮捣蛋的那几个，却往往有人能够在社会上搞得风生水起。这到底是因为什么呢？"

二、激发卓越的表现，情商比智商更重要

丹尼尔·戈尔曼曾经针对 181 个不同职位的能力模型展开分析，这些职位来自于遍布全世界的 121 家公司和组织。戈尔曼将某个岗位所需的各种能力细

项分门别类，建立不同的能力清单：哪些可以归类为纯粹的认知能力或者技术能力，哪些可以归类为情感能力。最终发现，那些在实践中被认为表现优异所必需的能力细项中有67%属于情感能力清单。情感能力与智力和专业技能相比，在激发卓越的工作方面，前者的重要性是后者的两倍。

为了确认上述发现并非特例，戈尔曼请咨询公司进行了一项独立的研究。通过分析40家不同公司的原始数据，尝试将优秀员工表现出来的各种能力与一般员工相比较。研究再次揭示：情感能力对出色业绩的重要程度是纯粹的智商与专业技能的两倍。需要强调的是，上述研究并非指智商不重要。合格的智商是出色业绩表现的基础要素。上述研究的关键在于提醒我们：个体的情商能力就像是杠杆的支点，可以撬起我们所期待的卓越业绩表现。

案例：有助于提高情商的培训课程令人获益匪浅

瑞典爱立信公司是我们培训合作的重要伙伴，在一次市场活动中，爱立信中国学院的一位负责人分享道："在过去几年间，爱立信有超过700名工程师参加了高效能人士的七个习惯的培训，同期，他们还接受了学院提供的分析问题、解决问题、制定决策和项目管理等各类与工作相关的专业能力的培训。当我问到哪门课程给他们的印象最深、收获最大时，大家经常会提到七个习惯。"

当我继续询问好在哪里时，他们的回答经常是："这样的方法就像是帮我打开了一扇窗，让我在工作中、生活中处理各种问题时，面对不同的情境时，经常会想到这与七个习惯中的某个思维相关，这里可以借鉴到某个工具指导行为。我很难确切地说清楚它到底好在哪里，但是对我的帮助可以说无处不在。"

三、迎接现实挑战，提升情商日益重要

变化越快，挑战越大，培养情商越重要。在多变化、快节奏的当今时代，个体的职业表现和发展越来越依赖于自身情感能力的持续提高。

案例：你必须能够应对突变，自食其力

在一次领导力课程培训中，一位在跨国公司工作超过 15 年的主管这样对我讲："我们的办公场所里暗流涌动，竞争残酷。公司里的每个人都自顾自地埋头苦干，不要期望公司能够给你什么长期承诺。你必须能够成为团队的一员，也要作好随时离开的准备。你必须能够应对突变，自食其力。

有一位和我同时进入公司的老员工，业绩每年都不错。前不久，因为公司总部决定将他所负责的业务板块转移到马来西亚，被通知离职了。他在走前的最后一封邮件中写道：我不想说再见，可是明天我就要离开了。

更有趣的是，最近，刚刚进入公司不到一年的几个年轻人正在以前所未有的速度赢得升职和涨薪，部门的人员规模几乎扩充了 2 倍。嗨！有时候，我真的有些不太确定了，我们应该如何准备，去面对如此不确定的未来。"

1. 高压力下的失衡常态

杨在一家财富 500 强的跨国公司工作了 11 年，近几年，作为大区总监的他倍感重负：政策环境的影响，新生代员工的管理，业务结构频繁调整带来的多变因素，每年 20% 的业绩增长压力，互联网 + 趋势下的过载信息量以及日益缩短的反应周期。杨意识到，要解决问题，很难再保持从容优雅、恪守一定之规了。

2. 令人遗憾的"人才鸡肋现象"

李在快速消费品企业负责人力资源管理工作，他的感受是："每一项工作都有它创意、有趣的一面，更有它辛苦、枯燥的一面。许多有才气的年轻人最后一事无成，往往是因为他们缺乏耐心和韧劲。他们不能扎实地在无趣的日常工作中学习锻炼，进而也很难适应日后多变的复杂任务。我看到许多才气纵横但怨气冲天的人最后成为团队的问题人物，成为领导不得不放弃的人才鸡肋。"

3. 不复存在的铁饭碗

琴在一家跨国医药企业工作，博士毕业后一干就是 10 年。最近，令她颇受震动的是公司辞退了 2 位资深的业务总监和 1 名研发中心的科学家。一直以来，琴认定作为公司的核心员工，再加上北欧公司的文化特点，这里或许就是她可以干到退休的地方。如今看来，很难再有什么是确定不变的了。竞争日益激烈的市场压力，已经传递到市场中的每一位职业人士。

4. 虚拟团队的人际互动

随着公司覆盖的地域不断扩大，远程办公逐渐成为家常便饭。借助无线网络、电脑和移动终端，绝大多数专业人士都能随时随地完成工作。灵活的协作过程，新兴的各种互动方式，更广泛的差异融合，快速、随机、短期、频繁的小团队协作……很明显，虚拟团队的工作形式为人际互动的过程增加了更多的不确定性。

思考与练习

（1）在目前的工作中，我面临的外部压力是什么？

（2）在目前的工作中，我面临的情商挑战是什么？

（3）我认为情商重要的 3 点理由是什么？

第二节　什么是情商

情商是指个体识别和调节自身情绪，激励进取，控制行为，感知他人情绪，促进理解，构建人际关系和达成人际协作的能力状况。情商与智商不同，前者特指情感智力，后者特指认知智力，这两类智力发挥作用时涉及大脑不同脑区的运作。情商与情感中枢活动密切相关，并且与大脑认知智力的活动彼此协调。

一、从笛卡尔的争议到个体智力的科学研究

笛卡尔是 17 世纪伟大的天才之一，他在数学和哲学领域中发动的革命至今还产生着深刻的影响。笛卡尔有许多伟大的贡献，在去世前却提出了一个颇具争议的观点，即声称肉体和思想相分离的理论。由于笛卡尔凭借着一句"我思故我在"令众多知识分子为之倾倒，因此这个奇特的理论——"人是由肉体和思想这两种不同的物质所构成的"，很快普及开来。

生物学家和心理学家的近代科学研究已经证明，事实与笛卡尔所宣称的相反，肉体和思想在生理上和心理上都是紧密结合在一起的。科学实验证明，躺着有助于思考。我们躺着时，思想速度能提高 10% 左右，也就是说躺着可以比站着更有利于思考问题。专家认为，这可能与血液循环有关，当人们躺下去时，大脑的血液流动会更加顺畅。有关笛卡尔的讨论提醒我们，个体智力要素领域的科学研究不能仅仅满足于唯美的、抽象概念层面的思考。那么，如何将个体的智力要素与个体的生物基础紧密联系呢？

霍华德·加德纳（Howard Gardner）是世界著名的教育心理学家，被誉为"多元智能理论"之父，现任美国哈佛大学教育研究生院心理学、教育学教授，《纽约时报》称他为美国当今最有影响力的发展心理学家和教育学家。霍华德·加

德纳在 20 世纪 80 年代提出的多元智力理论，在智商范畴之外开启了不同智力类型之间的对话。加德纳认为，判断某种智力是否属于一种显著能力的标志是：是否存在独特的脑区指挥和调节这种智力。那么，是否存在独特的脑区指挥和调节个体的情感智力即情商呢？

二、情感智力的脑神经科学研究基础

案例：艾略特在治疗后发生的变化

艾略特的额头正后方长了一个橙子大小的肿瘤，做了切除手术后，熟悉艾略特的人都说他不再是以前的他了。艾略特曾经是一位成功的企业律师，在手术后，他失去了工作，投资失败，妻子也离开了，他只好寄宿在哥哥家里。艾略特面临的问题令人困惑，扩展的智力测试显示他和以前一样聪明，但是，他似乎失去了对事情的判断力。

安东尼奥·达马西欧是为艾略特咨询的神经病学家，达马西欧震惊地发现艾略特的心理知识体系缺少了一个要素。虽然他的逻辑能力、记忆力、注意力和其他认知能力都没有问题，但是实际上，他对发生在自身的各种事情失去了感觉。艾略特可以完全不动感情地讲述自己悲惨的生活，好像在过去的失败面前他只是一个旁观者。他没有丝毫的悲伤或沮丧，而达马西欧在听了他的遭遇后都会比他本人还要难过。

艾略特的情绪障碍还体现在人际交往领域。例如，达马西欧想和艾略特预约下一次治疗的时间，对于达马西欧建议的每一个可能的时间，在理性的层面，艾略特总是能够找到肯定和否定的理由，但是，他无法从中进行选择，艾略特搞不清楚自己对每个时间的感觉。

艾略特无法作出决策的案例说明，情绪感受对生活中数不胜数的个人选择起着导向性的关键作用。达马西欧认为，艾略特对情绪失去意识的根源是手术医生在给他切除脑部肿瘤的同时，把部分前额叶也一起切掉了。手术切断了原始脑的情绪中枢与新皮层的思考中枢之间的联系。

以色列著名的心理学家鲁文·巴昂（Rcuven Bar-0n）对情感智力的神经

回路所进行的研究，得到了脑神经科学家的验证。科学家们按照神经心理学的黄金标准方法"损伤研究"，识别了与特定行为和心理功能关联的脑区。具体来说，他们针对大脑确切区域受损的病人展开研究，发现损伤部位与病人表现出来的特定能力的削弱或丧失存在关联。凭借这种有效的神经学方法，巴昂以及研究伙伴成功验证了对情感与社交智力起着关键作用的几个脑区。研究表明，大脑具有独特的神经中枢来指挥和调节情感智力。情感智力有别于认知智力，也有别于人格特征，情感智力是人类个体拥有的一种独特的能力素质。

三. 情商研究的发展简史

● 1925 年，美国人心理学家桑代克（Thondike）提出了社会智力（social intelligence）的概念，认为社会智力体现为"具有了解及管理他人的能力，能够在人际关系上采取明智的行动"，并且把 "社会智能"描述为与他人相处的能力。

● 1935 年，美国心理学家 Alixander 在《智力：具体与抽象》一文中提出了非智力因素（nonintellective factors）的概念。

● 1940 年，韦克斯勒（Wechsler）提出普通智力中的非智力因素，并于 1943 年提出非智力因素是预测个人成功的关键因素，智能的情绪部分可能是生活成功的必要组成部分。

● 1975 年，霍华德·加德纳（Howard Gardner）提出了多元化智能的理念。1983 年，加德纳发展了多元智力理论（theory of multiple intelligence），明确指出其中的两种情绪维度成分：内省智力（intrapsychic intelligence）和人际智力（interpersonal intelligence）。

● 1988 年，心理学家鲁文·巴昂第一个使用"EQ"这个名词，并编制了世界上第一个标准化的情绪智力量表，根据他的定义，EQ 还包括了那些能影响我们去适应环境的情绪以及社交能力。

● 1990 年，情绪智力的研究得到了迅速发展，情绪智力这个术语也得到了广泛使用。心理学家、现任耶鲁大学校长彼得·萨洛维（Peter Salovey）和约翰·梅耶（John Mayer）在《想象，认知和人格》杂志上发表了标志性的文章《情商》。

● 1995 年，心理学家兼《纽约时报》科学专栏作家丹尼尔·戈尔曼出版《情商：为什么比智商更重要》一书，荣登世界各国畅销书的排行榜，在全世界掀起了一股 EQ 热潮，使得 EQ 一词走出心理学的学术圈，走入人们的日常生活，情商这个概念得到普及。

● 2000 年，由鲁文·巴昂主编的《情绪智力手册》出版，它标志着情绪智力研究进入一个新的阶段。

目前，情商的水平也可以像智力水平那样用测验分数较准确地表示出来，只是暂时还没有系统、权威、成熟的测试方案，通常只是根据个人的综合表现进行判断。心理学家们认为，情商水平高的人具有如下的显著特点：社交能力强，外向而愉快，不易陷入恐惧或伤感，对事业较投入，为人正直，富有同情心，情绪生活较丰富但不逾矩，无论是独处还是与许多人在一起时都能怡然自得。

思考与练习

（1）我对情商的定义是什么？

（2）在日常工作中，我观察到哪些高情商的行为表现？

（3）这些高情商的行为产生了什么影响？

第三节　如何培养情商

一、高情商人士的 12 项核心能力

在丹尼尔·戈尔曼《情商》系列丛书的理论研究基础上，为了促进个体实践，我们将高情商人士的素质培养归纳为 12 项核心能力（简称 EQ12）。结合职场人士的现实挑战，EQ12 是一套培养个体情商的系统方法，包括 36 个具备实操性的行为模块，每个模块细分为一系列行动要点和实用工具。

EQ12 的系统图示如下：

高情商人士的12项核心能力（EQ12）

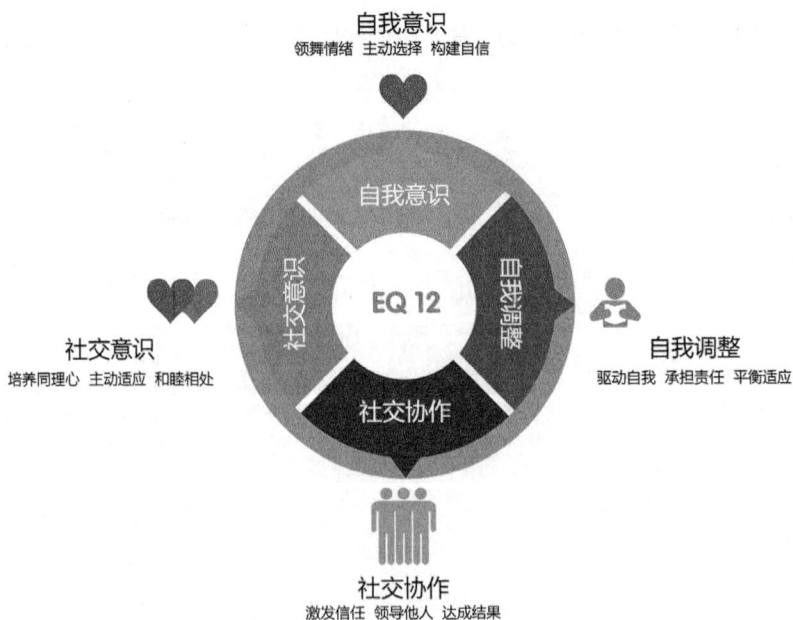

自我意识
领舞情绪　主动选择　构建自信

社交意识
培养同理心　主动适应　和睦相处

自我调整
驱动自我　承担责任　平衡适应

社交协作
激发信任　领导他人　达成结果

情商素质的四个维度包括自我意识、自我调整、社交意识和社交协作。通过培养 12 项核心能力，能够提升个体的情商素质。

1. 自我意识，强调调节自身情绪状态，承担自身责任，并且不断提高自我确信度。需要培养的情商能力包括：领舞情绪、主动选择和构建自信。

2. 自我调整，强调了解个人的内在冲动，引导追求成就的情绪倾向，明确贡献，面对现实，优化自我管理。需要培养的情商能力包括：驱动自我、承担责任和平衡适应。

3. 社交意识，强调觉察他人的情感、经验、思考和关切，换位思考，灵活调整自身，乐于助人，促进人际协作。需要培养的情商能力包括：培养同理心、主动适应和和睦相处。

4. 社交协作，强调善于构建期望的互动关系，影响他人，促进协作成果与创新。需要培养的情商能力包括：激发信任、领导他人和达成结果。

值得注意的是，虽然培养 EQ12 的情商能力能够提升个体的情商素质，然而，具备良好的情商素质并不等同于拥有了解决具体问题的实用技巧。情商素质高只能说明个体具有极大的潜力学到现实所需的实用技巧。例如，一个人虽然具有很强的社交意识，却不一定拥有冲突管理、教练辅导或者促进合作性谈判的实用技巧。这就好比一个人虽然天生具有完美的身体素质，但是还要通过学习竞技技巧和持续训练，才能成为优秀的运动员。

二、 从培养技能到塑造习惯

培养"高情商人士的 12 项核心能力"，我们希望能够借鉴《高效能人士的七个习惯》的宝贵经验。《高效能人士的七个习惯》再版 25 周年时，全球管理大师、《基业长青》的作者吉姆·柯林斯（Jim Collins）在推荐序言中指出："史蒂芬·柯维为我们提供了一个关于个人如何实现高效能的标准操作系统，就如同 Windows 操作系统软件对个人电脑的贡献一样。通过使用 Windows 操作系统，我们得以应用 CPU 的强大功能；通过实践七个习惯，我们得以释放个体的才智宝藏。"除了设计完善、应用简便之外，《高效能人士的七个习惯》的难得之处还在于它将发展个体能力素质的切入点聚焦于塑造习惯。毋庸置疑，个体习惯比技能表现要更持久、更根本。

案例：这到底是因为什么呢？

我曾经教授关于领导力发展领域的一系列技能课程，包括高效沟通、冲突管理、影响力策略、教练辅导、绩效反馈、团队建设和引导变革等。在培训过程中，我们帮助学员会梳理思路，结合实际问题展开探讨，演练关键行为和实用工具，促进相关技能的个性化运用。

遗憾的是，学员经常面临不少困惑，最常见的问题是："我记住了关键行为，落实到了具体行动，也在坚持使用课程提供的工具图表，这的确有一定的帮助。不过，令人头疼的是，一旦在高压下或者真正有挑战的情景中，我的行为反应就回到了原先惯有的状态，新学的技能难以真正发挥作用。这到底是因为什么呢？"

只有当个体的旧习惯不再死灰复燃时，个体才有可能真正掌握并应用相应的新技能，即使在高压下，个体也能够展示出应有的行为表现。从神经系统角度来说，培养新的技能必须根除与旧习惯相关的条件反射，并以与新习惯有关的条件反射取而代之。《高情商人士的 12 项核心能力》希望能够帮助个体塑造一系列个人的新习惯，这正是本书的独特之处。在探讨每一项情感能力的过程中，我们不仅会指导您落实个人行动的具体应用，而且会协助您制订塑造新习惯的行动计划。

关于如何塑造习惯，我们借鉴了查尔斯·都希格（Charles Duhigg）在畅销书《习惯的力量》中提供的方法。作者分析了习惯养成的机理，认为习惯不能被消除，但可以被替代。习惯的改变可能不会很快，而且并不总是容易。但是，只要付出时间和努力，几乎所有的习惯都是可以改进的。习惯的改进过程可以概括为 4 个行动步骤：找出惯常行为，用各种奖赏进行实验，将暗示隔离出来和制订计划。

塑造习惯的过程，可以用下图简要诠释：

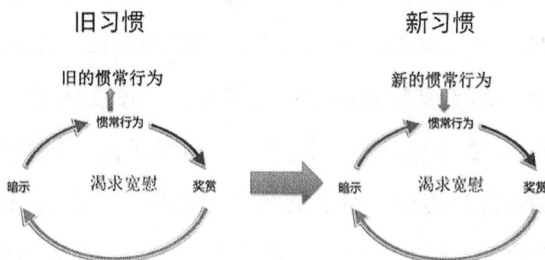

旧习惯　　　　　　　　　　新习惯

留住暗示，提供同样的奖赏，插入新的惯常行为

三、 促进自主学习的 5 个步骤

提出"素质洋葱模型"的美国学者 R. 博亚特兹（Richard Boyatzis）结合 30 年领导力培养工作的经验，创建了自主学习理论，强调自主学习包括五个发现，每个发现都代表一个断层，自主学习的过程是反复循环的。自主学习理论认为："促进实践，个体需要首先确立理想自我的愿景，然后完成真实自我的客观评测，即现在的我是一个什么样的人。明确真实自我和理想自我之间的差距，会促使个体有所决策和行动。在行动过程中，如果个体能够跟进改变过程的每一个关键步骤，那么，个体的自主学习就会是一个有效且持续的过程。"博亚特兹的自主学习理论模型如下图所示：

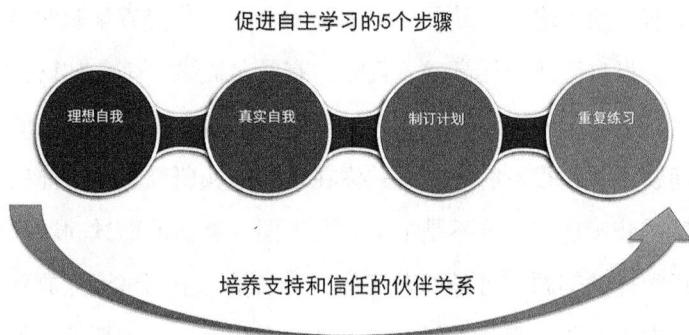

促进自主学习的5个步骤

培养支持和信任的伙伴关系

上述自主学习理论指出，那些坚持并成功改变的人都遵循了以下几个阶段：

● 第一个发现：理想自我，即我想成为一个怎样的人？

● 第二个发现：真实自我，即我是一个怎样的人？我的优势和不足是什么？

● 第三个发现：制订计划，即尝试什么新行为？如何建立优势、改正不足？

● 第四个发现：重复练习，落实行动，培养新习惯，直至可灵活掌握。

● 第五个发现：培养支持和信任的伙伴关系，使变化成为可能。

《高情商人士的 12 项核心能力》是一本自助手册，鼓励您自主学习，即有意识地培养和提升自我表现。在本书的结尾部分，我们会借鉴上述模型，指导您制订切实可行的个人行动计划。这正是本书的另一个独特之处。

思考与练习

（1）我准备在什么时间阅读完《习惯的力量》？

（2）在工作中，我有哪些个人习惯？具体的行为表现是什么？

（3）回想参加过的领导力技能培训，关于自主学习过程，我有哪些个人经验？

资料导读：短期功利主义不可取（摘选自《中国青年报》）

作为一名教师，清华大学经济管理学院院长、经济学家钱颖一教授非常不喜欢学生提出的一个要求："多上一些看起来对实习和工作有用的课。"在这个要求背后的理由很直接：课程效果应该是立竿见影的。

高盛集团前总裁约翰·桑顿（John Thornton）是清华经管学院的客座教授。他告诉钱颖一，当自己还担任高盛总裁时，有一次面试一个普林斯顿大学的毕业生，问这名学生在学校期间做了什么。这名同学很认真地说：我研究了两个公司的兼并问题。桑顿很不客气地说：你在普林斯顿研究这个？你应该利用这段时间好好读读莎士比亚！这不是个案。在美国，高盛的面试问题都是如何理解历史性和哲学性的问题。可是如果变化一个场景，把面试地点放到北京，高盛的问题则会发生变化，都是类似于"当利率变化时，一种证券的价值会怎么变化"这种技术性的问题。

每年，钱颖一都要在清华经管学院教两个 EMBA 项目的课，一个是中文项目（中国学生），一个是国际项目（大多是外国学生）。对比两个项目，他深有体会：中文项目的同学问的问题都很务实，是企业和行业的现实问题，眼前的问题；而国际项目的同学则更多地追问老师讲的内容，是思维的问题。"虽然针对当前的实际问题也有意义，但是太短期功利了，高度不够，深度也不够。"钱颖一说，"我们不能笼统地反对功利主义。但是，我们要反对短期功利主义，反对急功近利，反对以立竿见影式的'有用'来评价结果。短期功利主义对社会的发展、对人的发展弊大于利。"

钱颖一反复跟学生强调，大学重要的不是学习知识，而是学会思考。他经常喜欢引用爱因斯坦说过的一句话："在大学学习，重要的不是记住很多事实，而是训练大脑会思考。"通识教育讲授的知识不一定马上有用，但也可能在将来的某个时刻无意间用到，比如乔布斯当年在大学时学习的美术字课程。钱颖一希望学生能多学一些"无用"的知识。在他看来，大学教育，特别是精英大学的教育，要着眼于为学生一生作准备，而不仅仅是为就业作准备。学生的眼光和能力要远远高于在大学时学到的知识，因为这些知识会很快过时。大学教育重要的是思考问题的方法和能力，以及看问题的眼界和眼光，这些都远远重于专业知识。

第二章
自我意识

情商素质维度——自我意识，强调调节自身情绪状态，承担自身责任，并且不断提高自我确信度。需要培养的情商能力包括：领舞情绪、主动选择和构建自信。

10 分钟自测问卷：我的情商素质——自我意识有多高？

请从下面的问题中，选择一个和自己最切合的答案。（1 从不 /2 几乎不 /3 一半时间 /4 大多数时间 /5 总是 ）

（1）我了解自己在不同时刻、不同情境下的情绪状态。

（2）我能够识别自己的不同情绪状态之间的差别。

（3）我清楚自己为什么会有某种情绪。

（4）我认识到情绪会影响自己的言行和决策。

（5）我认识到人们的感觉与所思、所言和所行的关联。

（6）我能够保持冷静，从容应对冲动。

（7）我会坦然告诉别人自己的感受。

（8）在压力下，我仍然保持思路清晰。

（9）在压力下，我能够保持注意力的集中。

（10）我不会内心积怨，能够排解负面的情绪。

（11）情绪强烈时，我能依据自己的价值取向和目标指导行动。

（12）我随时准备抓住机遇。

（13）我努力超额完成工作任务。

（14）为了完成工作，我敢于打破常规，能够灵活变通。

（15）我愿意付出不寻常的努力，奋力开拓。

（16）我不畏困难挫折。

（17）我能够坚持不懈追求目标。

（18）我满怀成功的信念，不受失败想法的困扰。

（19）我将挫折看作可处理的状况，而非个人过失。

（20）我经常习惯性地微笑。

（21）我清楚自己的优势和局限。

（22）我能够从经验中学习和反思。

（23）我主动寻求并且乐于接受别人给我的反馈。

（24）我不断学习，对各种新观点态度开明。

（25）我富有幽默感，能充分表达自己的观点。

（26）我经常自我检验，不断自我完善。

（27）我能够以肯定自己的方式表达自己。

（28）我确信自己的存在有价值。

（29）我敢于表达正确的看法，尽管可能不受欢迎或遭遇反对。

（30）面对重压，我仍能处事果断坚决，作出明智的决定。

（答案12345，从左至右分数分别为：1分、2分、3分、4分、5分）

总计得分：

思考与练习

（1）我的3项优势是什么？

（2）我的3项短板是什么？

（3）我的潜在行动是什么？

培养自我意识的目的在于通过持续的自我认知和自我确认，为应对的自我管理和社交管理的现实挑战，奠定坚实的基础。

资料导读：无论如何——特蕾莎修女（Mother Teresa）

People are unreasonable, illogical and self-centered;

人们不讲道理、思想谬误、自我中心，

Love them anyway.

不管怎样，还是爱他们；

If you are kind, people may accuse you of selfish, ulterior motives;

如果你友善，人们会说你自私自利、别有用心，

Be kind anyway.

不管怎样，还是要友善；

If you are successful, you will win some false friends and some true enemies;

如果你成功以后，身边尽是假的朋友和真的敌人，

Succeed anyway.

不管怎样，还是要成功；

The good you do today will be forgotten tomorrow；

你今天所做的善事明天就会被遗忘，

Do good anyway.

不管怎样，还是要做善事；

If you are honest and frank， people may cheat you；

诚实与坦率使你容易受到欺骗和伤害，

Be honest and frank anyway.

不管怎样，还是要诚实与坦率；

People favor under dogs but follow only topdogs.

人都会同情弱者，却只追随赢家，

Fight for a few underdogs anyway.

不管怎样，还是要为一些弱者奋斗；

What you spend years building may be destroyed overnight；

你耗费数年所建设的可能毁于一旦，

Build anyway.

不管怎样，还是要建设；

If you find serenity and happiness， they may be jealous；

如果你找到了平静和幸福，人们可能会嫉妒你，

Be happy anyway.

不管怎样，还是要快乐；

People really need help but may attack you if you do help them.

人们确实需要帮助，然而如果你帮助他们，却可能遭到攻击，

Help people anyway.

不管怎样，还是要帮助；

Give the world the best you have， And it may never be enough；

将你所拥有最好的东西献给世界，可能永远都不够，

Give the world the best you have anyway.

不管怎样，还是要将最好的东西付出！

You see, in the final analysis, it is between you and God; It is never between you and them anyway.

你看，说到底，它是你和上帝之间的事，这绝不是你和他人之间的事。

第一节　领舞情绪

　　我们总是有各种各样的情绪，微妙的、抑或强烈的情绪伴随着日常生活时起时落。有时我们并不擅长调节微妙的情绪，比如，一觉醒来对工作的莫名挫折感可能油然而生，令我们无精打采，倍感沮丧；有时我们会陷入强烈的情绪，比如，在工作会议上，面对直接的反馈或敏感性的质疑，恼羞成怒，导致了我们情绪化的回应，专业水准缺失，人际关系挫败。当然，我们也能够不断地体验到美好的喜悦，比如，远眺蓝天下广阔的草甸，惬意而欢畅；看着自己的孩子获得了成功，倍感欣慰和充实。

　　根据《牛津英语词典》的解释，情绪的字面意思是：心理、感受、激动或骚动，任何激烈或兴奋的精神状态。人类有几百种情绪，此外还有很多混合、变种以及具有细微差异的近亲，比如，无声无息的情绪状态，我们称之为心情；而持续保有的一种心情状态，如忧伤、胆怯或欢快，我们称之为气质。情绪的微妙之处远远超越了人类语言能够形容的范畴。

　　加利福尼亚大学旧金山分校的心理学家保罗·艾克曼（Paul.Ekman，影视作品《别对我说谎》的原型）长期致力于情绪所对应的特定面部表情的研究，他认为情绪具有普遍性，可以简要概括为四种基本核心情绪：恐惧、愤怒、悲伤和喜悦。其中，恐惧、悲伤和愤怒这三种情绪被称为"负面的情绪"，因为此类情绪给人带来不悦的感受和体验。从情绪产生的源头上来说，负面的压力是恐惧、悲伤和愤怒情绪产生的根源。不过，我们同时要认识到负面情绪也有正面的影响，比如愤怒让我们勇于宣泄出自己的感受，促使我们前进。当然这里的正面影响，指的不是情绪带来的感受，而是情绪促成的现实结果。

案例：消极情绪的积极影响

Jack 应老板要求，核实下一年度的部门预算。他仔细地浏览着预算表中的每个数字，工作非常投入。预算表中确实存在着某些错误，Jack 把错误的地方圈点出来，并在空白处作了改正。

第二天，Jack 准备将核查后的预算方案呈交给总公司。由于这份文件十分重要，老板提醒他再确认一遍，以确保所有的错误都得到了改正。Jack 拿着报告回到办公室，有点不开心。"发生了什么事？"同伴问道。Jack 回答说："没什么，我很好。"他并不是情绪沮丧，但是，他确实是处在一种消极的情绪之中，尽管表现得不是很明显。

Jack 开始再次核查预算方案。他检查了第一次修改的地方，又看了看专栏部分，他惊讶地发现了另外一处错误，那是他上次没有发现的。于是，他重新回到预算的开始部分，仔仔细细地分析了每一行的预算数字。最后，他一共发现了五处错误，其中有两处错误相当关键。

法国的临床心理师罗伯特·瑞里（Robert Zuili）在他的著作《为什么当时没忍住》中，对恐惧、愤怒、悲伤和喜悦四种基本情绪要素作了进一步解读。瑞里认为这四种基本情绪拥有各自独立的运行机制，同时彼此紧密相连，其中一种情绪可能会引发另一种情绪。比如，强烈的愤怒可能会使人突然感到恐惧，或者遭受到恐吓，会引发我们的愤怒情绪。例如，中国文化中的"知耻近乎勇"，指的就是类似的原理。罗伯特·瑞里的情绪体系如下图所示：

在一个充满各种考验的过程中，我们可能要经历一些恐惧和愤怒的情绪，最终有两种可能——成功解决问题就可以获得喜悦，没有解决问题则会带来悲伤。有趣的是，往往挑战越大，最终喜悦的程度越强。喜悦是战胜恐惧或者平息怒火之后的果实。每个人都希望体验更多喜悦的情绪，但是实际上，喜悦的情绪不是目的，而应该是一种结果。

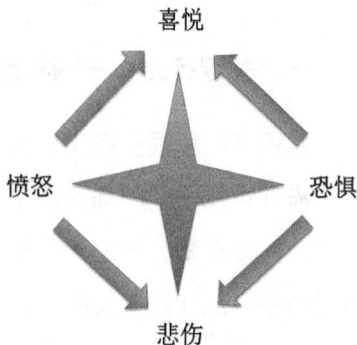

喜悦

愤怒　　　　　恐惧

悲伤

　　真正喜悦的情绪需要积极争取才能最终获得。例如，有时候，我们会被一些容易获得的快乐所吸引，小酌几杯或者赌一把碰碰运气。不幸的是，长此以往越积越多，需要提高酒量或越赌越大，才能获得同样程度的感觉。这样往往会伴随着一种代价：意志消沉。

　　上述四种基本核心情绪的界定，有助于我们理清思路，简化领舞情绪的探讨与实践。在接下来领舞情绪的实践探讨部分，我们会主要针对上述四种基本情绪展开分析并指导行动。

思考与练习

　　（1）在日常工作中，我经常出现哪些情绪状态？

　　（2）我准备什么时候阅读《为什么当时没忍住》？

　　（3）我的三点收获是什么？

　　培养领舞情绪，包括 4 个关键行为：构建情绪晴雨表、鉴别情绪保险丝、疏导情绪能量和调整情绪状态。

　　实际上，我们有两种心理，一种是理性心理，用来思考，一种是情绪心理，用来感觉。我们的情绪与我们的思考在头脑中平行流淌，这两种完全不同的认知方式相互作用，共同构建了我们的心理生活。情绪的变化是有迹可寻的，就好像一种能量或者电流的运行轨迹一样，从某个 A 点"情绪诱因"发展到 B 点"强烈的情绪表现"。分析情绪的运行线路图，进行思考，我们可以尝试着牵引情绪的手共舞一曲。

一、关键行为 1——构建情绪晴雨表

案例 1：我很少有满心欢喜的时候

　　海外学成后，阿强回国工作已经超过 10 年，能够在著名的投行高盛公司任职，值得自豪。不过，一直以来，阿强经常感到不太开心。在一次领导力的研讨会中，他这样对我讲：我的收入在不断地提高，最近职位也获得了提升。可是，提到生活的品质还是不尽如人意，每天忙忙碌碌，节奏越来越快，平均每周工作将近 100 个小时。有一段时间了，我很少有满心欢喜的时候，也没有什么事情能真正意义上刺痛我。我知道人应该不断成熟，可是成熟并不意味着麻木。

案例 2：保持开心真的很难吗？

一位来自美团网的学员，年龄不到 30，在一次培训课程中分享到：互联网领域发展日新月异，公司都是年轻人，大家都渴望机会，都很拼，经常工作到晚上 11 点。不过，我发现还是可以忙里偷闲的。有时候下班途中，我经常会停下车，放下车窗，喝一杯饮料，发会儿呆，看看街上行人下班的情景。我发现，我的收获不光是一杯饮料，还有对自己生活的体验。

构建情绪晴雨表的行动要点包括：暂时放松身心和识别情绪开关。

1. 暂时放松身心

工作忙碌且充满压力，我们的头脑已经被思想的溪流占满：计划下一步要做什么，探讨不同的做事方法，修改会议上的重要发言……我们的感受与我们如影随形，但是却很少被重视。当我们特别留意时，往往已是情绪强烈甚至濒临崩溃了。如果平时留意的话，我们可以在情绪出现微妙变化时进行疏导，不必等到一发不可收拾时，再去面对困境。

行动指导：

（1）小心喘息时刻

当个体压力过载时，身体往往会有预警，比如肠胃不适、头疼和腰背酸痛。要对身体的不适反应保持敏感，以适合自己的方式适度调试。

- 暂时停下正在做的事情。
- 缓慢深呼吸 3 次（舌尖顶着上牙床，腹部要有起伏）。
- 放慢身体节奏，双眼微闭，缓慢动作。
- 小睡 10~15 分钟是一个不错的选择。
- 转换视角，眺望窗外或浏览喜爱的图片。
- 喝杯清水或吃一点甜食。
- 将思考转向下一步计划或行动。

● 换个环境，以自己喜欢的方式调剂一下。

案例：每天都会抽出至少 15 分钟在办公室楼下走一走

李在惠普公司工作超过 20 年，负责中国区的管理工作。我们在一次领导力论坛上同桌而坐。李向我推荐他的好办法："无论工作多么繁忙，我每天都会抽出至少 15 分钟在办公室楼下走一走，通常在午餐后或者下午 3 点左右。有时也会在会议室里安静地听首歌曲，或者去饮水间喝杯咖啡，随便和谁聊上几句。我会强迫自己花时间暂时远离扑面而来的各种事务，这样有助于我以更好的状态再次面对挑战。我发现，如果不每天抽出时间调剂一下，忙碌的时候会觉得时间过得飞快，事后往往想不起来有什么值得回味的，而且经常会感到异常疲惫。"

（2）练习爱德蒙德的渐进式肌肉放松法

美国的内科医生、运动生物物理学家爱德蒙德·雅各布森（Edmund. Jacobson）在 1938 年出版了《渐进式的放松》一书。爱德蒙德认为，个体身体的肌肉寄存焦虑，而焦虑会引起烦恼的想法和事件。如果我们的肌肉群紧张，就会增强焦虑的真实感。与之相对应，如果我们的肌肉群放松，生理上的紧张就会降低，焦虑也会随之减轻。

渐进式的放松方法是通过个体主要肌肉群的紧张和放松来实现的。人体有 14 组主要的肌肉群，每组肌肉群逐一进行，先紧张后放松，练习两个回合，促进个体的深度放松状态。练习时，在安全、平静、不受任何外界干扰的环境中，个体需保持舒适放松的位置和姿势，如：手臂放松，面部平静自然，颈部肌肉放松，呼吸平稳而有节奏。个体需要在肌肉紧张和放松的过程中集中意识去感受身体相应的部位：

● 首先使身体各部位的肌肉保持数秒的紧张状态，然后再放松下来。

● 感受肌肉的紧张和松弛，体验每次肌肉由紧张变为松弛后的深入放松感。

● 如果心思不能集中，反复默念两个字"安全"。

例如：手和前臂的放松

● 胳膊自然放松，握紧两只拳头，持续 10 秒钟。

● 集中心思，感受紧张滋味。注意微小细节：10 个指头对两个手掌的压力；2 个拇指对其他手指的压力；手面被拉紧的皮肤以及突出的青筋；前臂的紧张感。

● 10 秒钟后做 1 次深呼吸，一边呼气，一边放松，直至气流消失。

● 当肌肉完全放松后，体会那种如同波浪涌过般流入手臂的轻松感。

其他肌肉群组包括：胳膊、额部、眼眉部、面部、下巴、舌头、脖子、胸部、腹部、臀部、腿部和脚部等。

（3）尝试并设计适合自身的情感心理演练法

● 将烦心事想象成写在一块黑板上的文字。

● 聚精会神 3 分钟，审视具体内容。

● 想象用黑板擦将内容擦掉。

● 聚精会神 3 分钟，检查是否干净。

● 感受内心的空白与轻松。

● 想象身处一次愉悦经历，尝试捕捉细节，体验美妙感受……

思考与练习

（1）网络搜索并阅读"爱德蒙德的渐进式肌肉放松法"，挑选 3 至 5 组肌肉群试练。

（2）情景案例：30 分钟后，你需要上台发言，感到非常紧张焦虑。参考不同的放松方式，你会采取什么应对行动？

（3）今天，你出现过喘息时刻吗？什么情况？

2. 识别情绪开关

情绪开关相当于一种情绪压力的启动因素，也可以称之为诱因。它可能是某种涉及外部的因素，比如站在众人面前讲话，通常会令人紧张或者兴奋。它也可能某种是与当前的现实分离的意识或思想，例如人的记忆，很难确定类似记忆中的事情是否会真正发生，但是记忆痕迹确实影响着现在的我们。"一朝被蛇咬，10 年怕井绳"讲的就是这个道理。

脑神经科学的研究已经初步证实，负责理性思考的脑区位于大脑皮层，而负责情感活动的脑区部位在原始脑。人的原始脑具有确保个体安全的基本功能，在强烈的情绪下，会阻断大脑皮层的影响，直接指挥个体作出本能反应。例如，在穿行快速路时，近处车影晃动，我们还没有看清是什么，也无从作出判断时，身体已经在原始脑的指挥下做出了瞬间的躲闪动作。上述研究也揭示出一个难题：在强烈的情绪下，我们几乎很难甚至无法通过大脑皮层的理性思考去进行有效的情绪疏导，这种状态被称为"情绪的黑暗"。我们能够做些什么呢？识别情绪开关可以帮助我们在陷入"情绪黑暗"之前采取应对行动，预警、防范，进而疏导情绪。

案例：我的笑容更灿烂了

在一次培训课程中，一位来自 IBM 的软件开发工程师曾经分享道：每天下班回到家里，我经常面无表情，不再愿意多说话。我也知道妻子和孩子希望我能够阳光灿烂，充满活力。可是辛苦了一天，在家里也要带着职业化的微笑，那也太累了。怎么办呢？

后来我想了一个办法，每次回家的路上都吃一点水果或零食。人体摄入食物后是会有反应的。我发现自己打开家门的时候，笑容更灿烂了。我看重这样的变化，非常值得。

行动指导：

（1）了解常见的情绪开关，识别自身特点

● 导致恐惧的情绪开关有：威胁和风险。威胁会引起不同程度的惧怕和担忧。比如，年终评估时自己获得的评价不太好，公司传言将要裁员，客户扬言要解除订单等。风险则主要是指可能会发生什么。比如，在工作岗位上不被欣赏和受到排斥，被安排完成一些枯燥乏味的重复工作等。风险的这种或高或低的不确定性，决定每个人情绪反应的程度。

● 导致愤怒的情绪开关只有一个：伤害。比如，多次拖欠的债务、朋友的背叛等反常的、不公平的状况。在日常工作中，也许只是非常小的事情，也有可能给个体带来伤害。比如，经理当着大家的面批评你；你有事找同事帮忙，他总是说没有空；抑或团队会议经常延时，你不得不修改自己日程安排；等等。上述状况发生时，往往会让我们心里往往感到有些不舒服。

● 导致悲伤的情绪开关只有一个：丧失。其中失去亲人是最令人感到悲痛的一种丧失。这类诱因在日常工作中随处可见，比如，失去了负责新项目的机会，失去了待签的合约，失去了对自己的信心等。

（2）小心常见的5大情绪陷阱：

下列情绪陷阱来自网络评选，概括了当今工作场景中频繁导致个体过度负面情绪和人际冲突的常见诱因。

● 卑躬屈膝或有伤自尊

● 被不公平地对待

● 不被欣赏或缺少认可

● 意见被忽视

● 时间太紧或难度太大

思考与练习

（1）结合自身经验，我的情绪开关是如何体现的？

（2）在上述常见的情绪开关中，我对哪一种比较敏感？

（3）我曾面对哪一种职场情绪陷阱的挑战？当时发生了什么？产生了什么影响？

二、关键行为2——鉴别情绪保险丝

领舞情绪需要分析情绪从发生到退去的过程，进而对情绪加以识别、防范、疏导和调整。构建情绪晴雨表，有助于增强个体对自身情绪的认知，事先预防强烈负面情绪的产生。情绪保险丝指的是我们的各种微弱感受，某一种微弱感受往往和某一种强烈情绪具有特定的联系。鉴别情绪保险丝，有助于帮助我们预见并确认即将发生的强烈情绪的种类，防止短路带来的"情绪黑暗"，保持情绪线路通畅，进而疏导情绪的能量。这正是突破情绪困境的关键所在。

实践指导

1. 恐惧的情绪保险丝

恐惧具有两种情绪保险，分别为焦虑和恐慌。恐慌与焦虑的不同之处在于，导致焦虑情绪的对象是可以确定和辨别出来的，比如，即将来临的业绩考核、与难缠的客户谈判等。恐慌是一种具有扩散性的情感，虽然身体感到不适、内心感到不安，但往往并不明确是什么原因导致的。

2. 愤怒的情绪保险丝

愤怒的情绪保险丝是不公平的感受，常见的受挫感、失望、愤恨等情感都是不公平的感受所引发的。比如，觉得公司的奖励厚此薄彼，或者能者多劳而鞭打快牛，又或者因为他人缺失礼尚往来的无礼行为等。最常见的典型现象，就是我们通常所说的恼羞成怒。

3. 悲伤的情绪保险丝

悲伤具有三种情绪保险丝，包括惭愧、自卑和受害者心态。比如，因为自己所造成的问题而感到自责和羞愧；或者感到无能为力甚至惊慌失措不知道该怎么办；又或者感到自己再怎么努力也没有用什么也改变不了等。

鉴别情绪保险丝，预见不同的情绪特性，为我们在强烈情绪困境的挑战面前创造了针对性疏导情绪能量的机会。

案例：这是我的问题，与妻子关系不大

最近，阳光君在家里和爱人经常发生争执。他发现，在争吵的时候，自己的情绪大多处于愤怒的状态。为什么呢？妻子的确有些严厉，可是平时也能相处融洽啊。

阳光君发现往往是他期待在爱人面前有所表现的时候，却遭到了爱人的否定，进而面对未预想到的打击，自己恼羞成怒了。他一直在思考是什么使自己作出了有违初衷的反应，本来想更好，结果却更糟呢。

他发现让自己的"恼羞"不要转成"怒火"，还是有机会的。从此以后，一旦面临与希望的反应有巨大落差的回应，阳光君就会赶紧去做点别的事，想点轻松的事自我调剂一下，然后再转回来谈原先的事情。他发现，其实真的没有什么大不了的，试着梳理自身的情绪，家里的许多事情顺畅多了。

思考与练习

（1）分析自己最近一次的情绪波动，什么情况？当时出现了什么情绪保险丝？

（2）回想恐惧、愤怒和悲伤的经历，分别标注一个你经常感受到的情绪保险丝。

三、关键行为 3——疏导情绪能量

强烈的负面情绪使我们丧失理智，适宜的疏导方式有助于保持头脑清醒。针对愤怒、恐惧和悲伤三种负面情绪，分别有不同的情绪疏导方式。鉴别情绪保险丝是有效疏导情绪能量的前提，情绪保险丝提醒我们是该有所行动的时候了，而采取适宜的方式疏导情绪能量，有助于我们做出更有效的应对行为。

实践指导

1. 疏导恐惧情绪

疏导恐惧情绪的压力有三种方法，包括逃避、自卫和预先回避。其中，预先回避表现为主动接近使人产生恐惧情绪的事物。当我们受到恐惧情绪侵扰时，这种疏导情绪的方式促使我们尽可能迅速地接近和直面让人产生情绪压力的事物，从而减少和恐惧情绪对抗的时间。

实践上述方法，会对我们的语言和行为产生一定的影响。分析不同疏导方式的影响，我们可以尝试适合自身的、更积极的疏导方法。

情景案例：一个被老板严厉批评过的员工产生了恐惧心理，每当他走进办公室，就会担心要面对老板的质问，即使听到不远处老板的声音，也会令他紧张和害怕。在这样的情况下，他可能会采取几种不同的疏导情绪的方式。

● 逃避

假如走进办公室，他发现老板就在附近，赶在老板走近之前，他会赶紧低下头，假装在专心做事，什么也没看见。或者，为了和恐惧事物保持距离，他

会小心翼翼地离开座位，去远处做点别的。这样的反应就是逃避的方式。

● 自卫

假如走进办公室，他发现老板就在附近，赶在老板走近之前，他快速整理思绪，"老板可能会问什么？我该怎样回答？"从而迅速将可能用到的资料准备好，放在手边。这样的反应就是自卫的方式。

● 预先回避

假如走进办公室，他发现老板就在附近，赶在老板走近之前，他会径直走向老板，打个招呼或者说点什么之后，迅速离开。这样的反应就是预先回避的方式。

需要强调的是，这些疏导情绪的方式只限于缓解情绪，而不能真正地解决情绪问题。不过，它们也是非常实用和有效的，因为在有些情况下，真的没有其他的办法和选择。之后，我们会进一步探讨调整情绪的方法。

思考与练习

情景案例：你刚开完一个会议，经理就告诉你半个小时后过去要和你单独谈话。如果这次面谈会让你感到有些担心和害怕，那么，依据不同的疏导情绪的方式，你会采取什么应对行动？

● 逃避的行为。 ● 自卫的行为。 ● 预先回避的行为。

● 你更乐于选择逃避的方式吗？你是不是认为不管怎样，事情最终都会被解决的，所以最好不要过于着急呢？这是不是让你经常赋予事物一种负面的内涵，或者习惯推迟到第二天才作出一个决定呢？

● 你一般会选择自卫的方式吗？在别人可能对你稍有责备之意以前，你总会很容易批评别人吗？

● 你往往会选择预先回避这种方式吗？你不习惯拖延，因为如果把今天能动手做的事情拖到第二天，会让你感到强烈的负面情绪。不如立刻行动早些完成，不是吗？

我更习惯采用上述哪一种疏导情绪的方式？需要注意的问题是什么？

2. 疏导愤怒情绪

疏导愤怒情绪有三种方式，包括消极反抗、积极反抗和攻击外物。

实践上述方法，会对我们的语言和行为产生一定的影响。分析不同疏导方式的影响，我们可以尝试适合自身的、更积极的疏导方法。

情景案例：在快要下班时，老板临时要求你准备一份工作报告，明早要在会谈时交付给客户。你忙到凌晨，终于准备好了。可是第二天早晨，因为计划调整，老板决定暂缓提交报告。看到这种情况，你努力克制住自己的不满，什么也没有多说。几天之后，老板再次临时要求你准备一份重要的报告。这时，你可能会采取几种不同的疏导情绪方式。

● 消极反抗

你没有向经理说出自己先前的不满，接受了工作任务。但是，只要不能确定这份报告是否真的会被用，你就不会着急马上开始准备，也不会再像上次那样用心准备了。几天后，当经理来要资料时，你也许会这样答复："啊！时间太紧了，最近有不少其他的事情，暂时只能做成这样了。"即使你所描述的情况都是事实，你依然会表现出一定程度的、不是十分愿意合作的态度，经理布置的任务不再是你优先考虑完成的工作了。

● 积极反抗

人们采取积极反抗的方式疏导情绪时，会表现出一种说"不"的能力，并且设定了一些限制，超过这些限制的要求就不予接受了。你可能会直接这样回答："我现在手头已经有两件工作正在进行，时间的确来不及。你看能不能安排其他人，或者，如果由我来做，我需要……若不行，我实在是难以完成。"需要注意的是，这样的回应方式往往会令对方清楚地感受到一种对抗的姿态。

● 攻击外物

这种疏导情绪的方式所针对的愤怒情绪往往达到了一定的程度，我们强烈地感到一种伤害，导致采取了一种非常尖刻的回应。你会直接对经理讲："我的压力太大了！也没有人帮我！这样做不公平！"显然类似情景在职场中并不常见，如果出现，一定是冲突已经积累到了相当的程度。言语攻击还可能进一步升级为身体攻击，个体通过肢体暴力发泄不满，比如，攻击对方，将物件摔在地上，破坏一个具有象征性的事物。在这种情况下，个体都难以心平气和地作出回应了。

思考与练习

情景案例：在团队工作会议上，你目睹经理大发脾气，随意呼喝新来的同事，当众批评你的方案。这是一种对大家缺失尊重的表现，会让你感到愤怒。那么，依据不同的疏导情绪的方式，你会采取什么应对行动？

● 消极反抗的行为。● 积极反抗的行为。● 攻击外物的行为。

你更习惯采用上述哪一种疏导情绪的方式，对你有什么帮助？需要注意的问题是什么？

3. 疏导悲伤情绪

疏导悲伤情绪有三种方式，包括抑制、自省和消极言论。

实践上述方法，会对我们的语言和行为产生一定的影响。通过这些疏导方式，我们会刻意与他人保持距离，回避亲密的关系，并且试图避免任何可能的失望情绪。分析不同疏导方式的影响，我们可以尝试适合自身的、更积极的疏导方法。

● 抑制

人在受抑制的状态下感受会比较复杂。那些在其他人看来可能很轻松的言行，此时对你而言都变得非常困难。比如，日常闲谈、目光交流、征询意见等。抑制还可能进一步表现为逃避社会的行为，封闭的生活状况会导致身边没有相互关心的人。这样的孤单生活可能会让人变得萎靡不振，甚至沉沦。

● 自省

在这种情况下，你不愿意去接触人群，喜欢安静独处并热衷于一些让自己心理上感到舒适的活动。你经常会说自己没有时间，避免打扰和与他人接触。

● 消极言论

如果认为其他人对所发生的事情是负有责任的，你就会开始把指向自身的罪恶感转向他人，利用任何可能的机会来批评或者指责他人。你会对工作中的很多人和事看不顺眼，时常会有消极的言论。

思考与练习

情景案例：丧失了期待已久的升职机会，这让你感到悲伤。那么，依据不同的疏导情绪的方式，你会采取什么应对行动？

● 抑制的行为。● 自省的行为。● 消极言论的行为。

你更习惯采用上述哪一种疏导情绪的方式，对你有什么帮助？需要注意的问题是什么？

四、关键行为 4——调整情绪状态

领舞情绪不仅仅要对情绪加以疏导，还需要进一步对情绪加以管理。正视、接受并尊重自身的情绪，是解决情绪问题的基础。哈佛大学积极心理学领域的研究提醒我们，面对本能的情绪冲动，我们要努力"让自己有做人的权利"（Permission to be a human）。比如，如果你感到想要哭泣，相关研究建议我们，请不要拖延，找个地方酣畅淋漓地去哭泣。我们应该正视自己本能的反应，同时相信人拥有理性的思考。情绪宣泄出来了，我们自然会恢复理性的思考，进而采取有效的行动，谋求更好的未来。

实践解决情绪问题的方法，可以尝试运用有针对性的表达用语。我们可以尝试将个体的表达用语划分为不同的词汇场，这些词汇场分别属于实在、象征和想象的维度世界。这些词汇场构成了调节我们情绪的不同方式，有效性也各不相同。了解并调节不同词汇场的表达用语，有助于我们缩短沉浸在情绪困境中的时间，减少强烈情绪发生的频率，进而保持更好的个人状态。

调整情绪状态的行动要点包括：了解 3 种情绪词汇场的不同影响和调节 3 种情绪词汇场的排序方式。

1. 了解 3 种情绪词汇场的不同影响

罗伯特·瑞里将个体特有的表达用语划分为三种不同的情绪词汇场，构成了能够帮助我们调整情绪问题的不同方式。适当地运用情绪词汇场，不仅能够起到疏导情绪、缓解压力的作用，同时能给我们带来一种深深的满足感。

第一种情绪词汇场是实在维度的演绎（实在界），第二种情绪词汇场是象征维度的演绎（象征界），第三种情绪词汇场是想象维度的演绎（想象界）。应用情绪词汇场的方式来调整情绪状态，具体指的是什么呢？我们可以通过如下事例加以说明：

情景案例：假设在工作过程中，你的能力受到上级领导和周围同事的怀疑。这种状况让你感到某种危险（情绪开关），你感到不安，担心被忽视或者被排斥在团队之外（情绪保险丝）。你可以采取逃避的方式，接受现状，听天由命（疏导情绪能量）；你也可以采取预见回避的方式，直接去找经理谈一谈，或者和周围同事加强互动（疏导情绪能量）。那么，如何运用情绪词汇场尝试解决情绪问题呢？

● **借助实在界的情绪词汇场让人放心**

采用这种方式解决情绪问题时，特别注重事实和理性。以事实为基础，你会对各种现象加以分析，客观表述，尝试证明没有什么理由如此担心。

例如，"在上周的例会中，我的报告的分析章节，曾经得到特别的肯定。"

● **借助象征界的情绪词汇场让人放心**

采用这种方式解决情绪问题时，可以尝试赋予相应的危险某种意义。你会问"为什么"，尝试探究问题背后的原因。3 到 5 个为什么，有助于帮助我们探究问题的实质，减少过度或者无谓的担心。

例如，"有可能因为最近的业务升级，公司对每个人的工作能力都提出了更高要求。"

● **借助想象界的情绪词汇场让人放心**

采用这种方式解决情绪问题时，你需要努力探索一个想象的世界，在那里，危险都变得相对友好，其实没有什么需要真正担心的。

例如，"最近经理对我的特别关注也许是对我有所期望，意味着我有可能参加新组建的项目或者更有趣的新任务。"

2. 调节 3 种情绪词汇场的排序方式

在调整情绪状态时，3 个情绪词汇场排列顺序需要灵活组合。调整情绪时的常用排列顺序为：实在界、象征界和想象界。

（1）实在界的词汇场因为把事实放在首要位置，而且涉及的因素是可触知的、具体的和理性的，所以对情绪的调整作用更加直接。

（2）借助象征界的词汇场调整情绪，这个方式需要为自己的感受赋予某种意义，无论"客观的存在"是怎样的。

（3）运用想象界的词汇场，使我们确定一个对未来的共同的展望，它会有助于给矛盾和冲突提供一个积极向上的出口。

情景案例：我丧失了期待已久的升职机会。情绪类别属悲伤，情绪保险丝表现为怀疑自己的能力（自卑）和认为自己毫无价值、改变不了什么（受害者心态）。

调节情绪的情绪词汇场言行依次为：

● 现实界：事实很明显，我负责的上一个项目没有按时交付，而公司也正在尝试减少管理层级。我的确失去了一次升职机会。

● 象征界：我可以找时间和经理谈谈，主要原因是什么？面对这样的变化，我需要注意什么？

● 想象界：未来可能会有哪些机会，吸取经验，有所准备，我会在哪些方面做得更好呢？

思考与练习

（1）审视个人最近的情绪波动，应用调节情绪的词汇场顺序。

（2）回想情绪波动时的感受，我的情绪保险丝表现是什么？

（3）应用情绪词汇场调整情绪，我可尝试的言行是什么？

领舞情绪关键行为汇总：

领舞情绪

构建情绪晴雨表　鉴别情绪保险丝　疏导情绪能量　调整情绪状态

领舞情绪——塑造我的情商好习惯行动指导

在 2012 年，《欧洲社会心理学》杂志上刊登了一篇来自英国一家研究机构的论文，文章分享了关于习惯研究的一些初步成果。该研究将习惯定义为人体肌肉组织的惯常活动方式，进而体现在个体的行为表现上。研究最终形成了三个初步推论：成年人培养成一个习惯至少需要 66 天；简单的肌肉运动比复杂的肌肉运动更容易养成习惯；在行动时，刻意地重复固定的行为方式，非常有助于习惯的培养。

查尔斯·都希格在他的畅销书《习惯的力量》中分析了习惯养成的机理，指出习惯不能被消除，但可以被替代。改变习惯很难，有时候改变习惯要花很长时间，会经历反复的实验与失败。分析习惯背后的机理，找出相应的暗示、惯常行为和奖赏，你就有了超越习惯的力量。习惯的改进过程可以概括为 4 个行动步骤：找出惯常行为、用各种奖赏进行实验、将暗示隔离出来和制订计划。

1. 找出惯常行为

要了解自己的习惯，得先找到回路的各个部分。一旦发现行为中存在的习惯回路，你就能想办法用新的惯常行为取代旧的坏习惯。例如，当被同事的请求打断思路时，容易急躁地拒绝；在同伴给我反馈的时候，经常急于辩解；在与客户讨论合作的过程中，经常语速过快、说得太多等。

● 在工作过程中，我最突出的、习惯性的情绪化反应是：＿＿＿＿＿＿。

● 惯常反应的暗示是：＿＿＿＿＿＿。（请试着做实验证实）

● 惯常行为的奖赏是：＿＿＿＿＿＿。

● 旧有的惯常行为是：＿＿＿＿＿＿。

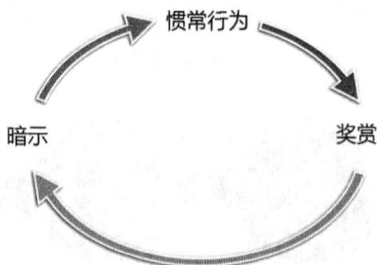

惯常行为

暗示

奖赏

● 绘制自己的习惯回路图：

2. 用各种奖赏做实验

奖赏的影响力很大，因为它能够满足人的渴求感。为了确定是哪些渴求在驱动习惯，就要用不同的奖赏做实验。试着分析哪些渴求可能在驱动你的旧有惯常行为，明列潜在的奖赏因素。在旧有习惯经常发生的类似情境中，对初步界定的奖赏因素做实验，收集数据、记录并验证：

● A 通过适宜的行动，获得相应的奖赏，记录行动后的感受。

● B 等待 15 分钟，如果不再想做旧有的惯常行为，初步证明该奖赏的相关性。请重复步骤 A 和 B，反复验证。

● C 等待 15 分钟，如果仍然想做旧有的惯常行为，初步证明奖赏不相关。请针对其他潜在奖赏因素，实施步骤 A 和 B。

通过实验，你可以将实际渴求的对象分隔出来，这是重塑习惯最基本的要素。针对已确认的我的旧有惯常行为，习惯回路中的奖赏是：＿＿＿＿＿＿。

3. 分隔出暗示

实验显示，几乎所有的习惯性暗示可以归为以下 5 大类：地点、时间、情绪状态、其他人、之前紧挨着的动作。

> **记录出现旧有惯常行为时，以下5个因素的状况：**
>
> • 你在哪？
> • 现在几点？
> • 你的情绪状态怎样？
> • 周围有谁？
> • 在旧有惯常行为发生的冲动之前，你做了什么？

上述记录练习，需要捕捉旧有惯常行为发生的时刻，至少重复 3 次。最终，分隔并确认出特有的暗示因素。针对已确认的我的旧有习惯行为，习惯回路中的暗示是：＿＿＿＿＿＿。

4. 制订计划

分析习惯回路，找出驱动行为的奖赏、诱发习惯的暗示以及惯常行为本身。通过围绕暗示设计，选择能够满足你所渴求的奖赏的行为，就可以改善原有的习惯。在探讨领舞情绪的过程中，我们分析了一系列可操作的关键行为和实践要点。在此基础上，结合自身特点，您可以尝试在旧有的习惯回路中植入新的惯常行为，从而培养情商好习惯。

领舞情绪，我将采取的新的惯常行为是：＿＿＿＿＿＿＿＿。

关键行为汇总：

领舞情绪

构建情绪晴雨表　　鉴别情绪保险丝　　疏导情绪能量　　调整情绪状态

第二节　主动选择

　　"我们认为下述真理是不言而喻的：人人生而平等，造物主赋予他们若干不可让与的权利，其中包括生存权、自由权和追求幸福的权利。"以上内容节选自 1776 年发表的美国《独立宣言》开篇部分。主动选择中的"选择"，指的是"不可让与的权利"的现实表现，而"主动"则是指个体需要为自身权利承担有效的责任。主动选择强调个体能够有所行动，对达成预期结果的过程施加有效的影响。有所行动提醒我们不能仅仅空谈空想，而有效的影响强调的是过程中的每一步努力以及努力所带来的细微改进。

　　案例：一封意外的邮件

　　葛兰素史克（GSK）是国际知名的医药公司，在一次关于激发信任的培训课程中，一位中国区的销售总监分享了他的职场经验："我所负责的业务线有一位 GSK 中国区最年轻的大区经理李，从销售代表到团队主管，从团队主管到区域经理、再到大区经理，李只用了不到 3 年的时间。这种经历对于强调流程、规范和体系的跨国公司而言，实属罕见。李有什么特别之处吗？

　　"举个例子，在我初任华北区大区经理时，李只是当地一个城市的区域经理。当时华北区的业务并不顺利，整个管理团队面临极大的压力，我作为新任的老大，有许多具体情况亟待了解。就在此时，我意外收到了一封邮件，是李发来的。在邮件的附件中，李制作了一份表格，表格中标注了他所负责区域的 VIP 客户及年度业务成交量，标注了 20% 核心销售人员的销售完成额和个人特点，还标注了核心药品业务的潜在市场机会和风险。这些资料正是当时我最需要了解的，李给我留下了深刻的印象。

"在日后和李的合作过程中，这样的事例不胜枚举。另外，我还听到了来自其他同事的、类似的关于李的反馈。其实，不管在哪里，像李这样工作的个体，总会有无穷无尽的发展机会的。"

"肯于付出努力，主动作出选择"肯定不是一件轻松的事情。德国的哲学家康德明确指出："个体拥有理由（Reason），肯于探求事情背后的原因。个体拥有理性思考的能力（Rational thinking）。当个体发挥这种理由和理性思考的能力时，个体就在构建自我的尊严（Dignity）。"例如，下班后你感到非常疲惫，疲惫是你的本能反应，坐在沙发上看电视会很舒服。不过，你注意到有两个邮件需要及时回复，你还希望能够定期锻炼身体。注意，如果此时你能在稍事休息之后起身回复邮件，下楼锻炼身体，然后再回到家中坐在沙发上看电视，那么此时，你的收获不仅是事情及时处理了，身体更建康，您还在构建和强化自我的尊严。

培养主动选择的能力包括 3 个关键行为：保持乐观心态、拓展当前资源和实施分步行动。

一、关键行为 5——保持乐观心态

看待客观世界，总是会有不同的角度，每个人都希望能够保持乐观的心态，就像康德所讲的："有三样东西有助于缓解生命的辛劳：希望、睡眠和笑。"然而，问题的关键在于：我们知道该做什么，只是不知道如何能够做得更好。

在日常工作和生活中，问题和机会并存，无处不在。当面对难以应对的问题时，挫折感不言而喻；当面对期望已久的机会，欣喜之情往往溢于言表。如何直面现实问题带来的挫折，并且帮助个体通过自身的努力，更好地发现、把握机会释放潜力，这正是保持乐观心态的价值所在。

案例：塞里格曼的乐观测试

20 世纪 70 年代中期，美国某保险公司曾雇佣了 5000 名推销员，并对他们进行了精心设计的在职业务培训。谁知在雇佣第一年，就有近 50% 的推销员辞职，而四年后这批人只剩下不到20%。为什么呢？原来在推销保险的过程中，推销员要一次又一次地面对被拒之门外的窘境，许多人在遭受多次拒绝后，便失去了继续从事这项工作的耐心和勇气。

那些善于将每一次拒绝都当做挑战而不是挫折的人，是否更有可能获得成功呢？保险公司找到宾夕法尼亚大学的心理学教授马丁·塞里格曼，希望他能为公司的招聘工作提供一些理论上的指导。塞里格曼教授是以提出"成功中乐观情绪的重要性"理论而闻名的，他认为，"当乐观主义者失败时，他们会将失败归结于某些他们可以改变的事情，而不是某些固定的、他们无法克服的困难。因此，他们会努力去改变现状，争取成功。"

接受该保险公司的邀请之后，塞里格曼对1500名新员工进行了两次测试，一次是该公司常规的以智商测验为主的甄别测试，另一次是塞里格曼自己设计的，用于测试被测者的乐观程度。之后，塞里格曼对这些新员工进行了跟踪研究。在他们当中，有一组人虽然没有通过甄别测试，但是在乐观测试中却取得"超级乐观主义者"的成绩。跟踪研究的结果表明，这一组人在所有人中工作任务完成得最好。第一年，他们的推销业绩比"一般悲观主义者"高出20%，第二年高出近60%。从此，通过"塞里格曼的乐观测试"便成了该公司选用推销员的一道必不可少的程序。

保持乐观心态的行动要点包括：保有预期、直面现实和关注改进。

1. 保有预期

在任何一个具体的情境中，不管有多好或者有多坏，首先要力求保有个人预期。个人预期是希望之子。在直面现实的同时强调希望，有助于我们始终保有预期。这里的重点不在于什么是现实合理的，真正的关键在于你到底想演绎怎样的故事。

案例：世界上有两只狼

在2015年好莱坞制作的影片《明日世界》中，在NASA工作的父亲和他的天才女儿之间有一段对话。NASA的发射基地荒废了，作为工程师的父亲非常沮丧。女儿来到父亲的办公室，给父亲讲起了一个故事："世界上有两只狼，一只狼的名字叫光明和希望，另一只叫做黑暗和绝望，它们在不断地争斗。爸爸，你认为哪一只会赢呢？"

听到女儿这样讲，父亲说道："少来了。这是在你小时候，我讲给你听的故事。"女儿摇摇头说："那好吧。"就准备离开了。然而，就在女儿打开房门的一瞬间，父亲讲出了故事的最后一句话："到底哪一只狼会赢呢？那就要看你想喂养哪一只了。"

保有预期，需要喂养那只希望之狼。

思考与练习

（1）回想自己正在负责的一项工作任务，我的预期是什么？

（2）回想自己正在处理的一项人际交往，我的预期是什么？

（3）思考个人职业发展，1 年以后，我的简历上能不能增加一句话，会是什么？

2. 直面现实

保持乐观的个体能够直面现实。直面现实有助于我们客观看待周围的事物，而空洞的畅想虽然能够引发一时的兴奋，但是过后往往会留下无尽的空虚与沮丧。真正的勇敢不是无知者无畏，而是能够克服内心的恐惧，迎难而上。

案例："如果（What if）……"和"即使（Even if）……"

● 客户否定了刚刚提交的方案。

What if：如果客户能接受，该有多好。

Even if：即使这已成事实，我还可以想点什么办法？有没有其他可能性？

● 同伴没有向我提供足够准确的数据。

What if：他要是能提供准确的数据该有多好。其实，要是能少用些数据就好了。

Even if：数据的确不准确，哪里出了问题？试着和他再谈谈吧。

● 老板布置了一项难办的任务。

What if：如果能交给别人就好了。如果有人帮我……

Even if：的确不好办。即使有……问题，我还可以试试什么办法？

实践指导：

（1）直面现实需要坦然面对挫折

直面现实不会刻意回避挫折，而且面对挫折时始终保有积极的看法。相反，如果一个人消极面对挫折，就会像鸵鸟将头埋进沙子里一样，不闻不见；或者觉得一切都已命中注定，放弃尝试。值得注意的是，直面现实的个体首先不会把挫折的原因仅仅归结为自身的缺陷，然后会努力发现可能的改变，主动采取措施应对。

案例：谢谢她的参与和分享

2004 年，我刚开始讲授《高效能人士的七个习惯》课程不久。3 天的培训通常进展顺利，7 个习惯积极向上的课程讨论氛围会感染每一位在场的学员。然而，在深圳的一次公开课上，课程遭遇了极其特别的情况。

有一位美国陶氏化学公司的女士在第一天上午 11 点左右进到了教室。我记得她梳了许多根细细的长辫子，戴了一副黑边眼镜。在下午 3 点左右，她开始频繁发言和提问，渐渐地引起了大家的注意。她所提出的问题很有特点，角度特别，颇具挑战性，观点也往往与大家汇总的截然不同。例如，她会问道："为什么只有 7 个习惯，9 个不行吗？我的选择就是不想主动做事，也是在为自己负责，不行吗？老板就是个坏蛋，怎么主动积极呀？"

等到第二天，在讨论习惯 4 双赢思维时，她明确指出双赢根本不存在。当我问道："比如夫妻之间，您与您先生探讨双赢关系有价值吗？"她回答道，"他就是我的绩优股，是我的投资。"后来，我们全班借这个话题一起观看了一段史蒂芬柯维的视频讲解，令人惊讶的是，她直接表示："柯维胡说八道。"

遇到这样的学员，可怎么办是好呢？肯定不能陷入争执。一种处理方法是忽视问题，以照顾大多数学员为由淡化她的影响；一种方法是直面她与众不同的行为，逐一展开互动讨论。我记得当时上课的状态真是压力非同一般，身心高度紧张。后来，我尝试在课堂上针对她的提问和发言加以引导，尽可能仅作简短探讨，保持正常授课秩序和进度，但是在每个课间，我都会主动找到她，午餐时也坐一起，尽量配合她，怎么聊都行。记得在第二天下课后，我们还一起讨论了近 2 个小时，虽然谁也没能同意对方的观点，但是至少感觉到彼此不是敌对的了。

让我惊讶的是在第三天课程结束时，她在课程反馈表上给课程评估了 90 分的高分，还专门在离开之前和我握手致谢，以她特有的方式赞扬鼓励了几句。至今，那次培训我依然记忆犹新。我庆幸自己没有回避问题，也没有轻易地放弃努力。我总在想，再遇到她时，我要好好谢谢她的参与和分享。

（2）直面现实需要适度的"放纵"

适度的放纵，顺应个人的状况和节奏，可以维护自身更好的持续表现。柯维博士致力于释放个体潜力的研究，他期望并坚信，通过努力每一位个体都能够拥有更精彩的表现。同时，他也曾告诫我们："生活不是砍柴，是天赐福音。偶尔放纵一下也不为过（指有底线的放纵），因为放纵可以缓解渴望，不会让渴望变成一次狂欢。"

（3）直面现实需要保持幽默

保持幽默，有助于个体减缓压力，继续积极尝试新的生活历险。面对失误，保持幽默的自嘲是指能够以轻松愉快的口吻谈起自己的经历和感受，有助于个体尽快走出失败的阴影。可以试试以下 5 种保持幽默的方法：

● 对比法：使用对比句，通过对比可以揭示事物的不一致性，古罗马政治家西塞罗就常用这一方法。比如："先生们，我这个人什么都不缺，除了财富与美德。"

● 倒引法：引用对方言论，以其人之语还治其人之身。比如：有一个老师见女学生吵闹不休，便说道："两个女人等于一千只鸭子。"不久，当这位老师的太太来学校找他时，有一个女生就赶忙向老师报告说："先生，外面有五百只鸭子找您。"

● 转移法：在特定条件下将一个表达方式的本义扭曲成另外的意思，便会获得想要的幽默效果。比如：空中小姐用和谐悦耳的声音对旅客说道："请把安全带系好。"所有的旅客都按照空中小姐的吩咐做了。五分钟后，空中小姐用比前次还优美的声音又说道："再把安全带系紧点吧，很不幸，我们飞机上忘了带食品。"

● 天真法：比如，一位妇人抱着一个小孩走进银行，小孩手里拿着一块面包直伸过去送给出纳员吃，出纳员微笑着摇了摇头。"不要这样，乖乖，不要这样"，那个妇人对小孩子说，然后回过头来对出纳员说，"真对不起，请你原谅他，因为他刚刚去过动物园。"

需要强调的是，仅仅懂得了幽默方法还不足以表明就富于幽默，问题的关键在于自然而然地运用。善于幽默的人，大多能把幽默的力量运用得十分自如、真实。由此，当他们开玩笑时，他人不会感到隔靴搔痒或是哗众取宠，而只是感受到轻松欢快。

思考与练习

（1）在目前的工作中，我个人面临的主要挑战是什么？

● 工作经验● 能力状况● 协作关系

（2）直面现实，我应对挑战的潜在行动是什么？

（3）在工作中，我平时会有哪些"小放纵"的方法？

（4）直面挫折、适度放纵和保持幽默，这其中我的强项是什么？请试着举例说明。

3. 关注改进

哈佛大学积极心理学领域的研究揭示出，应对客观世界的挑战有两种不同的思维模式，一种是完美主义，一种是追求卓越。如下图示：

完美主义与追求卓越

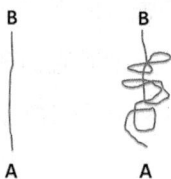

● 完美主义的思维强调预期结果能否达成，希望从起点 A 到终点 B 最好是一条直线。完美主义的思维关注的问题是：目标能实现吗？什么时候能够实现目标？如果目标实现不了怎么办？

● 追求卓越的思维强调过程中付出的努力，相信从起点 A 到终点 B 的过程就好似蚂蚁过沙滩一样弯曲前行。追求卓越的思维关注的问题是：现在情况怎么样？我们该如何调整？实现了哪些细小的改进？

显而易见，完美主义所期望的完美成功与现实世界的客观状况落差巨大。面对严酷的现实，这种思维模式的个体容易倍感失落，努力的过程中幸福感不高。有的人可能会说："只要能坚持努力，目标实现的那一刻一定会非常灿烂的。"也许会这样，但是，生活是一段持续的旅程，实现终点 B 后，往往新的终点 C 又出现了。所以总体看来，对于完美主义的个体而言，整个人生的幸福感堪忧。更可怕的是，如果个体能力有限，运气也不太好，始终实现不了 B 而又坚信能达成，会怎样？最终，改变不了外部世界，很可能会转向搞定自己，往往导致个体走向自我毁灭。这就是为什么有些孩子上学时一直是第一名，进入名校后，如果没有能够名列前茅，人就要崩溃了。这样的事例的确令人遗憾。

追求卓越的思维模式则效果不同，鼓励我们关注过程中的努力，落实每一步细小的改进。因此，看到现实的进展，个体往往能够坚持得更长久，幸福感也更高，更具创造力。关注改进有助于我们发现努力过程中的细微收获，如同获得客观的正向反馈，激励我们在困境中持续保有乐观的心态，努力发起改变，迈向预期结果。

实践指导

（1）调高标准

日益的激烈竞争给我们带来强大的外部压力，逆水行舟、不进则退的情景随处可见。关注改进，仅仅保有预期和直面现实是远远不够的，还需要对自身提出更大的挑战，这在客观上有助于我们把握先机，赢得主动。

案例：安于现状的保守令我们错失了良机

在我的职业生涯中，陆先生是一位难能可贵的资深人士。他为人既有追求又有底线，分析专业问题时有洞见，管理咨询领域的经验和能力超强。同时，他也能够在工作过程中包容后辈们时而孩子气的表现。

在一次公司年会上，我们已经完成了去年预期的增长任务，大家都以为老板的发言会从庆功开始。没想到的，陆先生站起来，首先讲了这样一段话："今年我们比预期多实现了 5% 的增长，问一个问题，如果我们在去年年初将增长目标的设定提高 5%，就会在今年年初得到更多的预算，那么，会有什么不同吗？"

会议室瞬时鸦雀无声。很明显，安于现状的保守令我们错失了良机。

调高标准并不意味着凭空夸下海口、随意妄想，而是尝试设定通过适宜程度的努力、跳跳脚可以够得着的更好目标。这里的"适宜程度的努力"，可以理解为有个体实践基础、有潜在资源支持、可持续付出的努力。

联结实践：回想正在负责的一项具体工作，在哪些方面还可以做得更好？

（2）平衡思维

生活足够纷杂，我们在完美主义和追求卓越这两种思维之间不能试图做单选题。平衡两种思维的运用，正是应对之道的关键所在。

案例：爸爸注意到，你刚才很努力

在鼓励女儿 Angela 的时候，我们当然非常注重结果。考试成绩不错获得了奖杯，出色地完成了妈妈交代的任务，这些都非常重要。不过，我们同时也会强调她付出的努力，"我们注意到你刚才读书非常专心"，"我注意到你刚才帮助了那位同学"。

甚至有的周末，我会故意尝试终止她正在努力完成的任务，比如正在画一幅画的或者练习的一首钢琴曲，进而认可她道："可以了，爸爸注意到，你刚才很努力。"我们当然期望女儿的努力能够有结果，但是，我们更期望女儿能够懂得持续努力的重要性，并且在过程中体验到更高的幸福感。

联结实践：回想正在负责的一项具体工作，取得了哪些细小的日常改进？

二、关键行为 6——拓展当前资源

主动选择的行动需要以客观资源为基础，分析客观资源能够为主动选择提供更多切实可行的行动线索，拓展当前资源则为我们主动选择的行动提供了无限的可能性。

拓展当前资源的行动要点包括拓展资源分析图和拓展资源分析的引导问题。

1. 拓展资源分析图

拓展资源分析有 5 个主要维度，包括人、预算、知识、工具和创意。

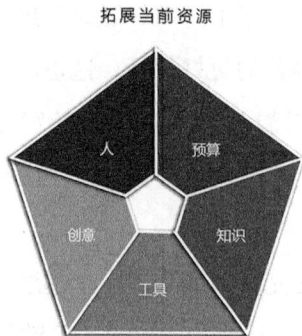

拓展当前资源

案例说明：工作任务为"设计新员工的入职培训"，拓展资源分析示例如下：

● 可以一起讨论的人：新员工、用人部门负责人、老板、有经验的同事、其他公司的培训经理、支持入职培训项目的人、与入职培训项目相关的人等。

● 可以探讨的预算途径：已批复的项目预算、与相关项目的协作（如与其他培训项目同期进行）、项目成本构成因素（如场地）、同类项目的相关经验等。

● 可以获取的知识：工作说明与业务规范、项目文件、背景资料、内部网资料、互联网资讯、前人经验分享、一手信息的获取（如学员课前问卷）等。

● 可以借鉴的工具：现有设备和技术、相关工作流程、规则和模板文件、相关的案例、IT 支持平台（如网络在线支持）等。

● 拓展创意：横向关联的议题、相反的提议、从未尝试的方式、跨界的经验等。

2. 拓展资源分析的引导问题

每个维度的引导问题有助于拓展思路。个体运用时，需保持灵活，无需逐一回答。

● 人

哪些人可以帮助我们？

哪些人的兴趣或目标与我们一致？

哪些人对这个挑战的看法与我们完全不同？

● 预算

还有哪些预算来源？

怎样去取得需要的预算？

如何控制成本？

● 知识

需要的关键信息是什么？

哪里可以找更全、更新的资讯？

有哪些可借鉴的相关领域？

● 工具

我们需要什么工具和技术？

哪些渠道可以获得更多工具和技术？

相关领域的工具和技术有哪些？谁拥有这些技术？

● 创意

有哪些横向关联的议题可以探讨？

有哪些相反的提议？为什么？

有什么是我们从未尝试探讨的？

三 . 关键行为 7——实施分步行动

"合抱之木，生于毫末；九层之台，起于垒土；千里之行，始于足下。"
这段选自老子《道德经》的话通过比喻来强调事情是从头做起，逐步进行的。
在中国文化中，类似的说法不胜枚举，比如冰冻三尺非一日之寒、一屋不扫何
以扫天下等；而相反的警示则有好高骛远、囫囵吞枣等。保持乐观心态为我们
的主动选择提供了内在支持，拓展当前资源帮助我们发现更多行动线索和可能
性，实施分步行动则督促我们将发起的变革逐步推向预期的结果。

案例：爱是一个动词

在一次《高效能人士的七个习惯》的培训课程中，课间休息时，一位中年
男士找到了史蒂芬·R.柯维，"柯维先生，你讲到的这些方法对我非常有启发，
谢谢你。我有一个问题，您能帮帮我吗？"柯维回答道："好啊，你说说看。"
中年男士继续讲道："我结婚多年。我是一个责任感非常强的人，无论什么时
候、什么人问起我关于我太太，我都会说道。不过……我也不想隐瞒自己真实
的感受，我和我太太之间已经没有爱的感觉了，没有激情了。我的责任感很强，
可是我的内心又充满渴望，现在非常困惑。您能不能给我点建议？"

显然，这个问题并不简单。柯维看着他，说道："去爱她。"那位男士一
下子就愣住了，不禁又重复了一遍自己的问题。柯维看着他，继续讲道："去
爱她。"听到柯维这样将，那位男士彻底糊涂了："可是，没有了爱的感觉，
怎么去爱啊？"柯维凝视着他的眼睛，一字一句地讲道："朋友，爱是一个动词，
付出了爱的行动、爱的感觉……爱会油然而生。"

这里的探讨值得每个人深入反思。你真的关爱身边人吗？问问自己每天为
他/她做了哪一两件细小的行动。你能体会身边人对自己的关爱吗？你可以观
察他/她每天的细小行为。爱的感觉人人渴望，却不一定总能心想事成。但是，
爱的行动却一定是我们可以身体力行的，可以通过不断发起的点滴尝试，逐步
实现内心的期望。

实施分步行动的行动要点包括界定范围、步步为赢和从我做起。

1. 界定范围

主动选择是有益的，但也要注意避免由于过度主动而产生负面影响。我们这里所倡导的主动选择并不是一意孤行，事事具有进攻性、侵略性，甚至让周围的人感到不舒服。采取主动是指每个人都不能逃避为自己开创前途的责任，同时，依据客观状况审时度势，具体行为灵活多样。界定范围的目的在于确保我们的主动选择与外部环境的契合程度，进而有效地认知、相伴甚至培育变化。

案例：杨修为人恃才放旷，数犯曹操之忌。

● 有一次，塞北进贡给曹操一盒酥。曹操在盒上写了"一合酥"三个字放在案头。杨修见到了，竟然取勺子和大家将酥吃完了。曹操问其原因，杨修回答说："盒上明明写着'一人一口酥'，怎么敢违背丞相的命令呢？"曹操虽然喜笑，而心里却厌恶杨修。

请试想：在日常工作中，你曾遇到过类似的情景吗？

● 曹操害怕有人暗自谋害自己，常吩咐侍卫们说："我梦中好杀人，凡是我睡着的时候，你们切勿靠近我！"有一个晚上曹操在帐中睡觉，被子落到了地上，近侍慌忙取被为他覆盖。曹操立即跳起来拔剑把他杀了，然后继续上床睡觉。半夜起来的时候，假装吃惊地问："是谁杀了我的侍卫？"大家以实相告，曹操痛哭，命人厚葬近侍。杨修知道了，下葬时叹惜地说："不是丞相在梦中，是你在梦中呀！"曹操听到后更加厌恶杨修。

请试想：在工作闲谈中，你曾遇到过类似的情景吗？

● 曹操聚集军队想要进兵，又被马超据守，欲收兵回都，又怕被蜀兵耻笑，心中犹豫不决，正碰上厨师进鸡汤。曹操见碗中有鸡肋，因而有感于怀。正沉吟间，夏侯惇入帐请示夜间口号。曹操随口答道："鸡肋！鸡肋！"夏侯惇传令众官，都称"鸡肋"。

行军主簿杨修，见传"鸡肋"二字，便让随行士兵收拾行装，准备撤兵。有人报告给夏侯惇。夏侯惇大吃一惊，于是请杨修至帐中问道："您为何收拾行装？"杨修说："鸡肋，食之无味弃之可惜。如今进兵不能胜利，退兵让人耻笑，在这里没有益处，不如早日回去，来日魏王必然班师还朝。先行收拾行装，免得临走时慌乱。"夏侯惇说："先生真是明白魏王的心思啊！"然后也收拾行装。军营中的诸位将领，没有不准备回朝的。

当天晚上，曹操心烦意乱，不能安稳入睡，便绕着军营独自行走，忽然看见夏侯惇营内的士兵都各自在准备行装。曹操大惊，急忙回营帐中召集夏侯惇问其原因。惇回答说："主簿杨祖德事先知道大王有班师回朝之意了。"曹操把杨修叫去问原因，杨修用鸡肋的含义回答。曹操大怒道："你怎么敢乱造谣言，乱我军心！"便叫刀斧手将杨修推出去斩了。

请试想：在工作过程中，你曾遇到过类似的情景吗？

实践指导：界定范围的 8 个引导问题

（1）当前任务情景有哪些主要利益关系人？（例如，老板、客户和同事等。）

（2）利益关系人对这项任务的期望是什么？（例如，老板特别关注业务团队的稳定和整体能力的提高。）

（3）当前任务的预期结果是什么？（例如，提高现场客户签约率达 60%。）

（4）当前任务的"高压线"是什么？（例如，注意长期协作关系的维护，必须如期交工等。）

（5）当前任务的大背景有什么特别之处吗？（例如，总部今年特别强调市场份额的增长以及经销商网络的建立。）

（6）当前任务情景有哪些需注意的敏感问题？（例如，要特别注意构建经销商网络对原有直销终端体系可能造成的负面影响。）

（7）在当前的任务情景中，我的工作职责和权限是什么？（例如，工作任务说明书的标注清晰吗？）

（8）在当前的任务情景中，有哪些可以借鉴的资源和支持？（例如，可以借鉴市场部正在推进的 A 项目）

思考与练习

（1）在工作中，我看到了哪些界定范围的榜样行为？这些行为带来了哪些影响？

（2）在目前工作中，我要发起的一个界定范围的行动是什么？

2. 步步为赢

"变化是永恒的，而且是迅速的，并且越来越快。如果你试图去掌控变化，一切都会变得非常凶险；不过，如果你试图去不断地认知变化，与它相处，甚至对它进行培育，一切都会变得非常顺畅。" ——史蒂芬·R·柯维

主动有所作为必须建立在遵循客观规律的基础上。史蒂芬·柯维以驾驭马车作比喻："马车正在崎岖的山路上奔跑。如果你紧紧地攥着缰绳，希望能够掌控整驾马车，那样马儿会跑得很不舒服，马车也会颠簸得非常厉害，同时，你也会很辛苦。不过，如果你试图去伴随着多变的路况、马儿的节奏，手中缰绳时松时紧，你不难发现马儿会跑得更欢畅，车况更稳定，同时，整个过程也会更加顺利。"发挥主动选择的能力，必须对客观规律心存敬畏。我们可以为自己的努力和行为负责，但是，最终的结果是由客观规律来掌控的。你有没有试过，一旦想到："嘿，目标一定能实现吗？"就会顿感忐忑不安。不过，你一旦想到："嘿，我现在可以做点什么？怎样才能一点点地把事情往前推进？"马上又会感到信心好像回来了。这之间的变化，奥妙在哪里？

步步为赢能够支持我们将难以解决的问题转化为可行的细小努力，细小努力的达成又进一步鼓励我们继续有所行动，良性的改变循环由此启动。每一细小努力让我们看到了行动的脚印，而每一小步行动所积累的赢正是努力背后不可或缺的正向激励。"凡难事都成于易，凡大事都起于细"，步步为赢能够帮助我们远离好高骛远、半途而废的困境。

案例：区域经理的"聊天室"

阿芳是中国区销售总监的文秘，老板刚刚有点气恼地交代她一项任务：从下个月开始，区域经理"聊天室"的出席率要达到80%以上。怎么回事呢？原来，公司有一项月度"聊天室"会议的安排，属于非正式会议。希望在1个小时的电话会议中，各个区域经理可以分享各自区域的行业讯息，彼此互通有无。目前，

出席率不到 60%。阿芳觉得很为难，因为那些区域经理也是一方老大，实在很难调动和要求。可是任务下来了，总要想办法的。

他们为什么不参加呢？有可能是有时中国区的总监也没参加会议；也可能是会议真的变成闲聊了，能聊的几个人主导了会议，其他人觉得没意思；还可能是没意识到其实老板很重视。阿芳发现好像可以做点什么试试看了，"好的。下月起，我要每月多一次短信提醒，提醒他们参加会议；我要和老板确认时间，请他务必参加，露一面也好，实在不行，邀请个 VP 级别的老大来也行，大家会更重视；还有，我可以事先向他们征询议题，加强会议管理，先聚焦敏感问题，然后再发散探讨。"

阿芳继续分析："不对啊，我的邮件他们可能看一眼就过去了，征询的议题上不来，怎么办？好吧，邮件必须从老板的邮箱发，他们一定会好好看的。每次我给他们列出 5 个候选问题，他们选一个即可，这样便于回复。还有，这些候选问题需要有水平，我要问问老板，查一查会议备忘，还可以作个内部小调研（SURVEY）。另外，可以问问系统内其他人的经验，也许还会有更好的办法呢。"

想到这些，阿芳觉得完成任务的把握大多了，自己也开心了许多。其实最重要的是，就算出席率没有达到 80%，至少通过上述努力，阿芳可以对老板说："这件事要是派别人来，不一定就能做得比我好！"

实践指导

（1）分析具体情境，排除难以影响的顾虑。（例如，那些区域经理也是一方老大，能听我的吗？会议能有效吗？）

（2）分析具体情境，聚焦可以影响的行动。（例如，每月多一次短信提醒；邀请个 VP 级别的老大来等。）

（3）像剥洋葱一样，深挖可操作的细小行为。（例如，邮件必须从老板的邮箱发；每次我给他们列出 5 个候选问题等。）

（4）结合拓展资源分析，尝试创新行动。（例如，问问系统内其他人的经验等。）

（5）保持灵活，重复上述操作，调整步速。

思考与练习

（1）在工作中，我看到了哪些步步为赢的榜样行为？这些行为带来了哪些影响？

（2）在目前工作中，我要发起的一个步步为赢的行动是什么？

3. 从我做起

在培养实施分步行动的过程中，界定范围为具体实践提供了程度上的校正参考，步步为赢夯实了实践过程的可行性，从我做起则是发起改变的最佳击球点。从我做起，再怎么强调也不为过。心理学领域的研究提醒我们，个体是有需要克服的惰性的。常见的状况是，我们对现实不满，心中拥有期望，也具备了发起改变的能力和资源。但是，现实状况依旧，改变并没有真正发生。为什么呢？

其实，很多时候，个体会在心里不经意间给自己讲一个故事："别着急，总有一天，会有一位骑士，银盔银甲，骑着白马，一路冲杀到我面前，拉起我的手，把我带离此刻困境，奔向理想世界。"从我做起在这里提醒我们："没有人会来！改变从我开始。"

有一次，柯维在培训课堂上提醒大家要小心"没有人会来"的陷阱。有趣的是，课间时一位毕业不久的学员找到他说："谢谢您。"柯维问："为什么？"年轻人说："您告诉我们没有人会来。可是，今天你来了。所以我要谢谢您。"柯维向她表示了感谢："谢谢您能这样讲。不过，"他又接着补充道，"我还是想再提醒您一点，请注意，我今天来是来告诉你，没有人会来。"

案例：你没被本公司聘用之前，就已经主动做了这么多工作

一家非常著名的金融机构要招聘一名客户经理，经过一番初试和复试，剩下了5名候选者，全部来自国内外的知名院校，其中4人是硕士毕业，1人是本科毕业。主考官对这5名求职者说："一周之后，公司的执行董事将亲自面试你们。希望你们能够好好准备。"可是，关于应该准备什么，并没有给出相

关说明。

一周之后，5 名作了准备的求职者如约而至。最终，唯一一名本科毕业的求职者赢得了工作。事后人力资源经理问这名求职者："知道你为什么会被留用吗？"年轻人迟疑地摇了摇头。人力资源经理说："其实，从资历上讲，你并不是 5 名求职者中最突出的。他们的工作经验、教育背景、专业技能，包括面试技巧等方面都挺有特点的。但是，他们都不像你作了如此充分的准备。"

"有几位候选人曾经在事后提出异议，为什么没有给我们标注清楚需要准备的细则？然而，你却完全不同。你提前熟悉了本公司的网站、主要业务和产品，对其他公司的同类产品还作了组合说明与比较分析，而且，你还提交了一份实地走访后的同业竞争分析。你在未被公司聘用之前，就已经主动做了这么多工作，给大家留下了深刻印象。"

思考与练习

● 在工作中，我看到了哪些从我做起的榜样行为？这些行为带来了哪些影响？

● 在目前工作中，我要发起的一个从我做起的行动是什么？

关键行为汇总：

主动选择

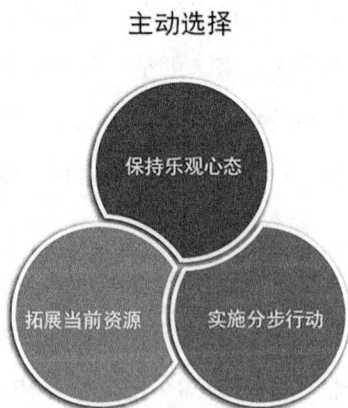

保持乐观心态

拓展当前资源　　实施分步行动

第三节 构建自信

资料导读：用两分钟的时间快速提高你的自信心（节选自 知乎网）

哈佛商学院教授 Amy Cuddy 已经找到了在焦虑不安的情况下，提高自身的自信心以及改变荷尔蒙水平的便捷方法。只需两分钟，简单的练习可以重新配置你的皮质醇和睾酮的水平。

练习 1. 抬起下巴；笔直地站立，让你看起来更加高大；把手放在桌面上，保持开放式的手势。

练习 2. 找一个私人和安静的空间，尽可能地让自己感到舒展，而不是压抑，让手脚高过头或者两手叉腰，双脚尽可能地往外扩展。注意：不要双手交叉、双脚紧靠，试图让自己变得更小；不要抚摸脖子，这是缺少安全感的表现。

自信是一种积极有效的表达自我价值、自我尊重、自我理解的意识特征和

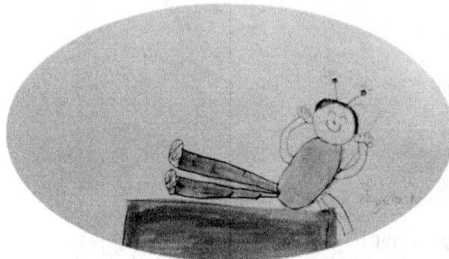

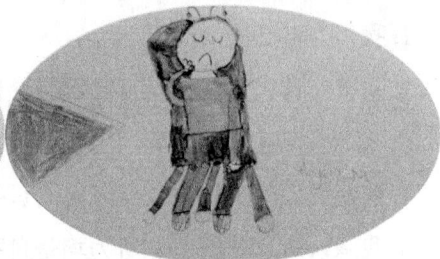

心理状态，通常表现为个体对自己是否有能力成功地完成某项活动的确信程度。构建自信是指不断地印证自身，培育一种源自内心深处的强大力量的过程。自信的个体就会表现得更勇敢、更顽强，善于展示个人魅力，也能鼓舞他人。相反，如果在工作中缺乏自信，个体通常会表现出如下特征：

- 担心自己不能胜任工作；
- 一旦遇到挑战，就放弃自己的观点和判断；
- 即使有好创意，也不敢付诸实践；
- 优柔寡断，在压力下犹豫不决；
- 不敢承担一丝一毫的风险；
- 不敢于揭示问题所在；
- 有好建议也不敢大胆提出来；
- 缺少自知之明等。

自我分析：自尊的六大支柱

（12345，1 从不 /2 几乎不 /3 一半时间 /4 大多数时间 /5 总是）

支柱一、有意识的生活

1. 我越清楚与自己利益、价值、需要和目标相关的事物，我的生活就越成功。

2. 我经常使用大脑，其乐无穷。

3. 改正错误比掩盖错误于我更有益。

4. 我注意区分事实、解释和情感。

5. 我应时刻警惕，抗拒自己规避现实的念头。

6. 如果我的眼界更宽，生活和行动将更具效力。

支柱二、自我接受

1. 我是为自己而活。

2. 我接受自我，并接受自己思想存在的现实。

3. 我不一定喜欢自己的情感，但我能接受它们的存在。

4. 即使我后悔、自责，但做过的事我会承认。

5. 我承认所思、所感、所为均是自我表现，至少当它们发生时如此。

6. 我承认自己有很多问题，但我不受它们的束缚。我的恐惧、痛苦、困惑、错误不是我的核心。

支柱三、自我负责

1. 我为自己的存在负责。

2. 我为实现自己的欲望、幸福负责。

3. 我为自己的选择、价值观和行动负责。

4. 我为自己以何种意识层面进行工作和参加各种活动与他人交往负责。

5. 我为自己如何安排时间负责。

6. 我为提高自己的自尊感而负责，别人无法给我自尊感。

7. 从终极意义上说，我接受自己的孤独状态。在一些具体问题上，人们可以给我一些帮助。但没有人能担负起我生存的最基本的责任。

8. 自我负责的需要是很自然的。我不认为它是一场悲剧。

支柱四、自我保护

1. 我可以尽情地表达自己的思想、信念和情感，除非在某种场合中我觉得不说为好。

2. 我有权维护自己的信念、价值与情感。

3. 让别人认识、了解我于我有利。

支柱五、有目的的生活

1. 只有我自己才能选择生活的目标，没有任何其他人能设计我的存在。

2. 我若想成功，就必须学会如何去实现自己的目标。我需要自己规划并完成行动计划，并关注自己行动的结果。

3. 为了自我利益，我应高度审视现实，即注意承载我的信念、行动和目的的信息和反馈。

4. 对于自律，我不应视之为"牺牲"，而是实现自我欲望的一种自然的先决条件。

支柱六、个人诚实

1. 我应言行一致。

2. 我应信守诺言。

3. 我应公平、正直、友善、热情地对待他人。

4. 我应努力保持道德前后一致。

共计得分：_____。

思考与练习

（1）我的 3 项优势是什么？

（2）我的 3 项短板是什么？

（3）我的潜在行动是什么？

培养构建自信的能力包括 3 个关键行为：准确评估自我、探索内在价值和构建自信账户。

一、关键行为 8——准确评估自我

自知之明与自信之间紧密联系。如果对自身认识有限，我们有可能在事业发展上错失机会，或者冒不必要的风险。通过比较我们发现，虽然也有各种缺点，但是与失败者之间存在着巨大的区别。成功者会不断探索和认知自身的内在倾向、能力、特长和缺陷。例如，有的人发现自己对数字敏感，精于分析；有的人意识到自己不擅公关，难以从容应对人际交往等。失败者不善于认识和发挥特长，不能从错误中吸取教训。他们不能面对自己的错误，当有人指出他们的问题所在时，他们全然不顾。这种拒绝批评意见的做法，注定了失败者难以作出改变、走向成功。

案例：不会。我当不了总统。

1952 年 11 月 9 日，以色列首任总统魏茨曼逝世。在此前一天，以色列驻美国大使向爱因斯坦转达了以色列总理本·古里安的信函，正式提请爱因斯坦为以色列共和国总统候选人。当日晚，一位记者给爱因斯坦的住所打来电话，询问爱因斯坦："听说要请您出任以色列共和国总统，教授先生，您会接受吗？"."不会。我当不了总统。"

爱因斯坦刚放下电话，电话铃又响了。这次是驻华盛顿的以色列大使打来的。大使说："教授先生，我是奉以色列共和国总理本·古里安的指示，想请问一下，如果提名您当总统候选人，您愿意接受吗？""大使先生，关于自然，我了解一点，关于人，我几乎一点也不了解。我这样的人，怎么能担任总统呢？"大使进一步劝说："教授先生，已故总统魏茨曼也是教授呢。您能胜任的。""魏茨曼和我不是一样的。他能胜任，我不能。""教授先生，每一个以色列公民，全世界每一个犹太人，都在期待您呢！"

不久，爱因斯坦在报上发表声明，正式谢绝出任以色列总统。在爱因斯坦看来，"当总统可不是一件容易的事。"同时，他还再次引用他自己的话："方程对我更重要些，因为政治是为当前，而方程却是一种永恒的东西。"

准确评估自我的行动要点包括识别优势和清除盲点。

1. 识别优势

每个人都有自己独特的优势，这指的不是技能、经验或者知识，而是一种在个体成长过程中逐步积累形成的、以大脑神经细胞联结布网为基础的、个人的内在特长。独特的优势反映在日常生活中，经常体现为总有些事情个体学起来会比别人更快，或者做起来会比别人更开心。

案例：善于组织讨论的杨经理

杨经理曾经负责公司华南大区的销售业务，经常会主持各种形式的会议，有的是公司内部的销售业务例会，有的是邀请合作伙伴参加的市场活动，也有跨部门的业务分析会议。

在会议中，杨经理总是能够营造或者配合烘托出一种轻松、融洽的讨论氛围。他为人开朗，乐于分享，思路灵活，特别是当讨论陷入混乱时，他经常能够通过几句简要的总结来概括大家的不同观点，同时提出关键问题，引发进一步的深入探讨。有的同伴曾经请教他："有什么高招吗？你是怎么做到的？"其实，杨经理自己也说不太清楚，他只记得上学时，因为他善于组织各种聚会，大家选他做了班长。工作后，有的同事经常这么讲："不管什么话题，只要由你来说总会变得蛮有趣的。"

后来，杨经理在参与公司与外部合作的一个咨询项目时，对管理咨询培训产生了浓厚的兴趣。现在，他已经在一家国内咨询机构工作了 3 年，是一位非常受欢迎的培训讲师。更难得的是，杨经理讲起课来往往意犹未尽，工作过程非常开心。

美国盖洛普公司是全球顶级咨询和调研机构，致力于测量和分析人的态度、意见和行为。历时 50 年，盖洛普开发出独一无二的个人优势测量工具——优势识别器，通过 30 分钟的在线测评，可以帮助个体识别自身的优势特质。在畅销书《现在，发现你的优势》中，对优势识别器的基本原理和实践方法进行了详尽的解读，34 个优势主题包括：

- 执行力：成就、统筹、信仰、公平、审慎、纪律、专注、责任、排难
- 影响力：行动、统帅、沟通、竞争、完美、自信、追求、取悦
- 建立关系：适应、伯乐、关联、体谅、和谐、包容、个别、积极、交往
- 策略思维：分析、回顾、前瞻、理念、搜集、思维、学习、战略

针对每项优势，都有进一步的详细解读和实践指导，摘录如下：

（1）搜集（Input）

你充满好奇。你爱攒东西。你可能搜集各种信息，你也可能搜集有形的东西，无论你搜集什么，你这样做是因为你感兴趣。世界的激动人心之处就在于其多姿多彩，变幻无穷。如果你博览群书，你的目的未必是完善你的理论，而是积累更多的信息。如果你喜欢旅行，那是因为在新的地点你能发现新奇的文物和轶事。这一切均可供收藏。你在收藏之时，常常说不清什么时候或为什么需要它们，可谁能说准它们什么时候用得着呢？所以你不断搜集、整理和储存坛坛罐罐。这很有趣，它使你思维常新。而且，也许某一天，有些东西会变得很珍贵。

（2）战略（Strategic）

战略主题使你能够透过日常琐碎，寻找前进的捷径。它不是一种可以教授的技能，而是一种与众不同的思维方式，一种独特的世界观。有了这种世界观，别人被复杂的事物所迷惑时，你却能识别其中的规律。你将规律牢记在心，尝

试各种不同的方案，不断问自己："如果发生这种情况会怎样？如果发生那种情况会怎样？"这些不断出现的问题帮助你预防不测。你不断筛选，直到选定一条路线——这就是你的战略。有了战略武装，你开始出击。这就是你的战略主题的动作模式："倘若……会怎样？"筛选，出击。

思考和练习

（1）我准备在什么时候阅读《现在，发现你的优势》，并完成优势识别器自测问卷？（书封处通常印有 1 个在线测评密码，仅限使用一次。）

（2）研读个人的优势报告，我的 5 个主导优势是什么？

（3）和上级分享自己的主导优势，讨论如何在未来的工作中发挥作用。

2. 清除盲点

识别自身独特的优势，并不意味着忽视需注意的个人短板。如果一个人总是在某一类问题出现时处理不得当，那么就说明他肯定存在某种认知上的盲点。如果忽视了自身的短板，自信就是构建在了某种失衡的假象上，如同残留隐患的大厦，一旦在压力下或者真正的危机发生时，辛勤构建的自信的大厦很容易受到重创。而个人最危险的短板正是我们自身尚未认识到的问题，也正是我们在这里特别强调的盲点。

资料导读: 从错误中吸取教训比想象中要难（节选自《时代》周刊网站报道）

"经常出错，但从不被质疑。"美国佐治亚大学语言和读写能力研究人员唐娜·阿尔韦曼指出，"学生在正确的文本信息与他们之前的观念发生冲突时，会无视这些正确信息。在进行自由回忆和认知时，学生们始终倾向于之前不正确的知识，任之凌驾于新接触的正确信息之上。"对错误观念的心理学研究表明，我们都抱有许多有缺陷乃至全然错误的观念，而且顽固地坚持着这些错误的观念。因此，仅仅听到正确的解释是不够的。以下方法可以帮助我们，促进新信息取代旧有信息，纠正有缺陷的理解:

● 强调错误观念

纠正错误观念最简单的办法是在陈述正确信息时，指出错误观念。2010 年，研究人员克里斯蒂娜·迪普特在《国际科学和数学教育杂志》上发表文章，举了一本儿童科学读物的例子："一些人认为骆驼将水储存在驼峰里。他们认为，随着骆驼使用这些水，驼峰会变小。然而，这种想法不对。驼峰储存脂肪，并且只有在骆驼很长时间不吃东西的情况下才会变小。骆驼很多天不喝水也能存活是因为当驼峰里的脂肪被消耗时就会产生水。"注意这段话的三段式结构：描述误解，表明这种理解是错误的，以正确的版本替代它。

● 提前发出警告

对于不能简单澄清的更深层次的想法，教师、经理人以及其他领导者可以让人们先"激活"自己原有的想法，然后与正确的解释对比，发现不同之处。例如，唐娜·阿尔韦曼与其论文合著者进行了一个实验，要求上初级物理课的学生画出一个弹子从桌面上弹出后的运动路径，然后作出解释。研究人员在进行指导时使用了如下建议："如果你认为弹子的运动路径是笔直坠落，或者笔直射出然后弧线坠落，那么你的想法可能与物理规则所显示的不同。在阅读下面的文字时，要注意那些可能与你自己的想法不同的观点。"论文作者指出，得到"提前警告"的学生"在学习与他们现有知识相冲突的信息时表现出显著进步"。

行动指导

（1）寻求反馈

寻求反馈就好像通过照镜子认清自我的现状一样，要学习，要成长，就要有反馈。斯坦福大学商学院指导员 Ed Batista 指出，"接收反馈的过程，可是个压力大的经验。"这正是为什么许多人迟疑于寻求反馈的原因。不过，越常寻求反馈，压力就会越小。Batista 解释说："如果每周都能有寻求反馈的讨论，就会少有事物能让你感到意外和惊讶，你也会有更多的机会改进自身的表现。"寻求反馈应注意如下行动要点：

● 明确寻求反馈的目的：想想你所渴望的是怎样的反馈。你要的是更多的赞赏或肯定吗？还是评估你在某个任务上的表现？又或者是有关如何进步、学习的一般指导？了解你所要的是什么，就能够帮助你设计将要提出的问题。例如，你可以对老板这么说："我能够体会到公司的认可和鼓励。但是，我希望了解在哪些方面需要多加努力。"值得注意的是，有关你能发展的地方的反馈固然最有用，但是，寻求正面反馈也有它的价值。不要迟疑于要求老板评估你在一次明显成功上的表现，这可能会是一个通过获得认可而增强自信的好机会。

● 即时寻求反馈：如果你想要得到有关你处理某一项工作的表现的见解，或者希望了解如何能在下一次有所进步时，请注意，早问比晚问来得更好。你不需要提前安排时间或者采用正式的讨论，不要把它想象成要坐下来进行正式对话。你只需要和老板、同事或客户进行一次快捷又非正式的指导交流。比如，你或许可以在一次会议过后，把老板拉一边和他交谈；或者在结束和客户谈话的时候，顺便邀请他聊聊你最近一次的表现。

● 选用适宜的提问方式：一次只提一个问题。不要问空泛的问题，比如，"你有没有任何给我的反馈？"尝试询问有针对性的问题，比如，"有没有什么我能够改进的吗？"多使用开放性问题，比如，"……，您注意到什么？"又或者"关于……，您怎么看？"

● 剥洋葱——追问细节：要从所收到的反馈中收获更多，你需要追问细节。有时候，对方可能会说："我只是认为你必须更果断，或者更有团队精神。"这太模糊了，我们需要像剥洋葱一样，继续追问细节："您提到的更果断是指？"或者"您提到的更有团队精神，是指在多大程度上……？"又或者"还有吗？能详细点吗？"

● 向多方征询意见：邀请他人提供意见的时候，不要单单向上询问，也要问左右两边的人。在360度反馈调查中，经验表明，往往来自一起工作的同事的反馈信息最具价值。发起同事之间的反馈循环，有助于获得更多反馈。反馈循环是指要首先对同事的行为给予建设性的反馈，分享你看到的事实，认可同伴的努力。当你主动提供反馈的时候，得回来的反馈将会更多。

● 在虚拟团队中通话胜过电邮：虚拟团队成员之间的空间距离，往往会阻止人们之间进行非正式交谈，以致成员们很难得到定期的反馈。不要依赖电邮，尽量争取通话机会。通话过程中的语音、语速和语调，可以帮助我们了解更多所探讨的话题的细微之处。

案例：宝贵的反馈是我们成长的营养

晓玲是国内一家电信公司的网络工程师。平时，她从同事那里得到的反馈并不多，就算有的话，也往往是既宽泛又模糊。她说："我会主动询问有关业务技能表现的反馈，而他们通常会说，你挺努力的。这样的感觉很好，但却没有什么实质性的帮助。"后来，她决定再想其他办法。

晓玲开始尝试在做项目时向客户寻求反馈，询问一些具体的问题，例如，你认为我这么讲细节清楚吗？还有什么需要注意的？当她收到正面的反馈时，会表示感谢并且在未来进一步加强；当她听到一些建设性的批评时，从不让类似的话题轻易过去，她会继续追问："你能详细谈谈吗？我下次在哪些方面可以做得更好？"

晓玲认为这样的交流，帮助她建立了一个获得反馈的"良性循环"。她说："当一个人知道你喜欢收到反馈的时候，就会比较容易得到更多信息。"晓琴成长得非常快，不到两年的时间，已经开始带团队做项目了。每当有新入职的毕业生向晓玲请教经验时，她经常会强调："宝贵的反馈是我们成长的营养。"

（2）小心职场人士的常见盲点

● 盲目的野心：不计代价要赢，或不计成本要自己看起来"是对的"；喜欢竞争而非合作；夸大自己的价值和贡献；爱吹嘘，态度傲慢；对人的态度是非白即黑，非敌即友等。

● 不顾一切的蛮干：牺牲生活的其他方面，拼命苦干；面对变化，忽视调整，强行执行原有计划；总是感到忙不过来，累得精疲力竭等。

● 好高骛远：野心太大给工作设定无法达成的目标；对如何完成工作心存不切实际的想法；轻视工作进程中关键环节的进展；轻视工作中细小的改进和变化；急于求成，做事半途而废等。

● 追名逐利：醉心于荣誉；为个人私利而追求权力；不顾他人意见而一意孤行；窃取他人劳动成果；对别人的失误横加指责；过分看重面子；喜欢造

声势，讲排场等。

● 爱慕虚荣：一旦听到批评，即使是事实，也会勃然大怒或者断然拒绝；把自己失败的原因推到他人头上；对失败或个人弱点概不承认等。

● 强加于人：强迫他人像奴隶一样卖命，好耗尽的心血；管理上事无巨细，紧握权力，不肯授权；态度冷酷无情，不顾及他人的情感是否受伤害等。

事实上，忽视上述盲点会削弱个体的自我意识，蚕食个体的自信心。要想真正了解自己，就需要勇于承认自己的失误。值得注意的是，我们都有否定不同意见的倾向，这是一种自我安慰的本能，这种倾向某种程度上能保护我们，让我们不至于知道一些残酷真相后痛苦不堪。我们也因此本能地寻找自己言行的合理之处，为自己找借口。清除盲点，突破自我安慰的本能，正视问题并加以改进，我们就能够逐步构建日益坚实的自信。

思考与练习

（1）在工作中，有哪些问题或情景我总是处理不当？

（2）参照上文所列常见盲点，在现有工作岗位上，我的盲点是什么？

（3）主动约请熟悉的同事，询问关于工作中自身盲点的反馈。

二、关键行为 9——探索内在价值

发现个人的内在价值，是构建自信的基石。人本主义心理学家认为，个体一切不安的根源在于缺乏对自身内在价值的认识。从孔子时代的"君子不器"到当今的网络社会，这种个体缺失内在价值的状态，较历史上任何时期都更为严重。我们需要在致力于"外部空间"拓展的同时，回归对自身"内部空间"探索的根本。

案例 1：有些不靠谱

敏在一家跨国医药公司工作，在一次培训课程中，她分享了自己的困惑："我交往过几个男朋友，直到现在还是没有找到满意的对象。其实，优秀的男生很多，也非常容易相处，只是，总会令人觉得有些不靠谱。比如我问他，周末去哪里？

他会说，听我的。我问他，假期去谁家看爸爸妈妈？他会说，由你定。我问他，这件事怎么办？他会说，怎样都可以。这让我非常困惑。"

"我在想，如果一个人对自己和周围的事物都无所谓，那么，怎么能够对我对他的期待有所谓呢？"

案例 2：笼中飞跑的小白鼠

老李是一家房地产公司的副总，接近退休的年龄，讲话直言直语。在一次培训课程中他感慨颇多："我是央企的领导，可以说是社会的优势群体。社会地位高，收入不错，有一个系统在围绕着我运转。可是，我也会时常感觉不舒适。为什么呢？

"我会想，如果有一天没有这个职位、没有这份收入了，没有这么多人和事在围着我转，那时，周围的人会怎么看我？家人会怎么看我？我又会怎么看我自己呢？我发现不仅是我，实际上很多人都会这样：我们拥有得越多，就越怕，害怕失去。这样一来，不经意间，许多人就变成一只只小白鼠，在一个笼子里飞跑。笼子转得飞快，小白鼠也跑得飞快。我们越跑越快，在不断地努力发展自己。变化是什么呢？换一个大一点的笼子罢了。

"时光飞逝，四五十年一晃就过去了。我不想等到老了的时候回想人生，发现赢得的只是顺应了潮流、他人的认可和那一点点安全感。生命应该还有更值得追寻的部分。"

什么是内在价值呢？简要概括，个人的内在价值涉及"我是谁？我为什么存在？我想成就什么？我作决定的内在依据是什么？"等根本问题。斯坦福哲学百科全书给出的定义是：某物的价值是因为它自身而不是因为它联系到的其他事物。对应而言，外在价值很显然就是因为它和其他事物的关系而拥有的价值。比如，汽车就没有内在价值，它只有外在价值，因为它的价值在于满足人的需求。而快乐（可能）有内在价值，因为我们就是喜欢快乐，喜欢快乐本身，并不因为其他事物而喜欢它。

启发和探索内在的自我，也许根本就没有答案。不过，令人欣慰的是社会科学领域的研究从来就是这样，在许多情况下，问号往往比句号来得更有价值。

确信个人具备内在价值，并且持续探索，是一种乐观的、积极的尝试。可以确信的是，探索内在价值的具体实践方法因人而异，因具体情景而异，不是通用的、有步骤可循的理性分析，而是不断摸索的个性化的证悟过程。令人欣慰的是，在个体不断成长的过程中，就像孩子的身体变化一样，个体的内在价值也在自然而然地生根发芽。内在价值始终与我们相伴，只是在不经意间被我们忽略了。就像寓言中所讲的：两条年轻的鱼遇到一条老鱼。老鱼打招呼道："早上好，孩子们。这水怎么样？"两条年轻的鱼继续游了一会儿，终于，其中一条忍不住问道："什么是'水'？"

案例：去年我最开心的时刻

阳是爱立信公司的系统服务工程师，"你们知道吗？去年我最开心的时刻，就是和老板谈个人职业发展计划的时候。我对老板讲，请不要提升我，我不想当经理，我只想在技术领域多些发展。

"其实我也试过，谁不想当经理啊，一路爬升，最后成为 VP。我曾负责一个虚拟的项目团队，大量的沟通、琐碎的事情、关系的协调，工作和生活的时间混在一起，远不像做技术那样清清爽爽。后来我意识到，其实在技术上发展，成为专家，在公司也有上升的空间，在市场上也有个人的价值。更重要的是，这正是我的兴趣所在！

"我非常高兴能够认清这一点。不过，最让我惊讶的是在和经理谈完之后，我那种如释重负的感受。"

实践指导：海滩上的四处方

在爱丽丝漫游仙境的故事中，曾经有这样一番对话，小姑娘爱丽丝走到了一个岔路口，不知道该走哪条路了，路边恰巧趴着一只妙妙猫。

爱丽丝问："猫咪猫咪，你能告知我该走哪条路吗？"

猫咪答道："那要看你想去哪了。"

爱丽丝说："其实，我不太在乎要去哪里啊。"

猫咪反问道："那你走哪条路，又有什么关系呢？"

爱丽丝继续说道："可是只要走，就总可以到什么地方啊。"

没有依据，无从探索。不过，不去探索，又哪来的依据呢？如果有，那也往往只是社会或者他人的价值投射罢了。在韩寒编导的影片《后会无期》中曾经有这样一句对白：都没有"观"过，哪儿来的"世界观"啊？希望以下事例"海滩上的 4 处方"，能够对您的自我价值探索实践有所启发。

有这样一位男士，可以说事业有成，家庭不错，在旁人看来一些都还正常。可是，一段时间以来，他总是感觉到提不起精神来，不开心，生活并不缺少什么，但是也并不令人兴奋。他认为自己病了，找到了他的好朋友心理医生。

他的朋友非常了解他，交谈一番后，问道："你最喜欢去哪里？"他说："海滩。"朋友接着说："那你就去海滩，一个人去，什么都不要带，包括电话，需要一天的时间。我给你 4 张处方，现在不要看，到了海滩，9 点打开第一张，12 点第二张，下午 3 点第三张，6 点打开第四张，每 3 个小时一张，按处方上写的做，你会有收获。"听到朋友这样讲，他说："你别拿我开玩笑了。给我开点药，好不好？"朋友对他讲："若信我，你就去。"

他按照朋友的建议，来到了海滩。9 点钟，打开第一张处方，只见上面写着"仔细倾听"。"听什么？海浪声、风声、汽笛声还有鸟叫声，该听的我都已经听到了，让我听 3 个小时？那我就坐下来听吧。"他一边这样想着，一边坐了下来。节奏逐渐放慢，他突然觉得非常疲惫，原来平日里太忙碌了，他都已经透支了。逐渐沉静下来后，他好像可以听到更多的声音，风吹树叶的沙沙响，海浪拍击海滩是有节奏的，甚至沙蟹在沙滩上爬行的声音。渐渐地，他还听到一些模糊的声音，非常微弱但强大得让人难以忽视，那是他自己内心的声音。他在倾听自己，省视内在的自我。

中午 12 点钟，打开第二张处方，只见上面写着"回顾过去"。他开始回顾过去经历的点点滴滴，也许只是一个瞬间，也许只是一句话，也许只是一个面容。那些人和事之所以能够被回想起来，是因为对他自己重要，别人怎么看还在其次，是他自己有触动，难以忘怀。

下午 3 点钟，打开第三张处方，上面写着"审视动机"。他开始问自己一系列的为什么："我一直非常努力，为什么如今会状态不济，身陷低谷呢？也许正是因为当时做事的初衷有问题，为了顺应潮流，抑或是为了迎合他人，不经意间迷失了真正的自我。"他开始重新思量，调整未来的目标和计划。

下午 6 点钟，打开第四张处方，只见上面写着"放下包袱"。他把想不通的事情写在了沙滩上，等到潮水上来时，也就冲掉了。放下过去的杂念，面对现实，回归自我，他重新启程，尝试开拓美好未来。

思考与练习

（1）借鉴 4 处方的故事，计划尝试一次自我洞察。

（2）完成了计划的自我洞察，我的收获是什么？

（3）探索内在价值，我准备什么时候进行下一次自我洞察？

三. 关键行为 10——构建自信账户

与自信最接近的概念是班杜拉（A.Bandura）在社会学习理论中提出的自我效能感（self-efficacy）。自我效能感指个体对自身成功应付特定情境的能力的评价。班杜拉认为，自我效能感的关键不是某人具有什么技能，而是个体用其拥有的技能能够做些什么。自信正是来自个体成长过程中获得的成功经验的累积，就像是一个账户在不断地存储日常的积蓄。构建自信账户是促进成果累积的形象比喻，有助于我们管理好强化自信的过程。

案例：自信带来奇迹

关于自信带来的影响，美国著名的心理学家罗森塔尔教授设计了这样一个实验：他把一群小白鼠随机地分成 A 组和 B 组，并且告诉 A 组的饲养员说，这一组的老鼠非常聪明，你必须把他们训练成为能够走出迷宫的老鼠；同时又告诉 B 组的饲养员说，这一组的老鼠智力一般，恐怕难以完成迷宫的任务，尽力而为吧。

结果几个月后，发生了令人吃惊的结果：当他对这两组老鼠进行穿越迷宫的测试时，发现 A 组的老鼠真的比 B 组的老鼠聪明，它们真被训练得完成了迷宫任务。

后来罗森塔尔教授又来到了一所学校进行心理测试。他依然是随机地抽出了几个学生，并告诉校长说，这些学生智商很高，告诉他们，他们不是普通人，一定可以取得异于常人的成绩。

过了一年，罗森塔尔教授来到学校检查试验结果。果然如他所料，那些所谓的天才儿童确实取得了骄人的成绩。罗森塔尔教授这时才对校长说："事实上，自己对这些天才学生一点也不了解。"校长很吃惊，问："那为什么他们会取得如此好的成绩呢？"罗森塔尔教授笑了："这就是自信带来的奇迹。"

实践指导：构建自信账户的 6 个加速器

（1）积累自身成就

每日向自己作出一个承诺，并且像对重要人物的承诺一样去恪守。例如：每日步行 30 分钟；会议结束后 1 个小时内整理并发出会议备忘邮件等。

（2）学习他人经验

主动接触有实力的个体，观察他人的成败，学习他人经验。

（3）寻求强者认可

当你尊敬的人认为你有能力成功地应付某一情境时，你的自信会有所提高。

（4）保持内心平静

高水平的情绪唤起可导致我们陷入极端或负面的情绪，从而因为理性的缺失而降低自我确信度。

（5）调整身姿和行为

懒散的姿势、缓慢的步伐、含糊的表达往往与负面的内在感受联系在一起。身体的动作是心灵活动的结果。抬头挺胸走快一点，沉稳而清晰地表达，你就会感到自信心在逐步滋长。自我调整走出阴霾的情绪，可以试试如下方式："伸直后背；抬高下巴；同时，面带微笑。你会发现，忧郁低落的情绪在渐渐消散……"

（6）保持谦逊

在积小胜聚信心的过程中，要防止自我膨胀。保持谦逊意味着始终对客观规律心存敬畏，时刻提醒自己：关心什么是正确的远远胜于关心自己是正确的。

案例：我唯一知道的就是自己的无知

古希腊的著名哲学家苏格拉底不但才华横溢，著作等身，而且广招门生，奖掖后进。他善于运用著名的启发式谈话启迪青年智慧。每当人们赞叹他的学识渊博、智慧超群的时候，苏格拉底总是谦逊地说："我唯一知道的就是自己的无知。"

一天，在课堂上，苏格拉底拿出一个苹果，站在讲台前说："请大家闻闻空气中的味道！"一位学生举手回答："我闻到了，是苹果的香味！"苏格拉底走下讲台，举着苹果慢慢地从每一个学生的面前走过，并叮嘱道："大家再仔细闻一闻，空气中有没有苹果的香味？"这时已有半数的学生举起了手。

苏格拉底回到讲台上，又重新提出刚才的问题。这一次，除了一个学生没有举手外，其他人全都举起了手。苏格拉底走到这位学生面前问："难道你真的什么气味也没闻到吗？"那个学生肯定地说："我真的什么也没闻到！"这时，苏格拉底对大家宣布："他是对的，因为这是一只假苹果。"这个学生就是后来大名鼎鼎的哲学家柏拉图。

思考与练习

构建我的自信账户

● 积累自身成就——我今天的承诺是什么？

● 学习替代经验——我准备什么时候旁听一次较高层级的管理会议？

● 寻求强者认可——我准备约请哪一位强者（如上级或资深同事）给我一些反馈和指导？

● 保持平静——培养领舞情绪的能力，我该小心哪些常见的职场情绪陷阱？

● 调整身姿和行为——我在上次会议中发言时，身姿和语速是怎样的？如何改进？

● 保持谦逊——我在讨论问题时，如何更好地倾听不同的观点？经常会陷入争论吗？当时的情况是怎样的？影响如何？

关键行为汇总：

构建自信

第三章
自我调整

　　情商素质维度——自我调整，强调在自我意识的基础上，觉察个人的内在冲动，引导追求成就的情绪倾向，明确贡献，面对现实，优化自我管理。需要培养的情商能力包括驱动自我、承担责任和平衡适应。

10 分钟自测问卷：我的情商素质——自我调节有多高？

请从下面的问题中，选择一个和自己最切合的答案。

（1 从不 /2 几乎不 /3 一半时间 /4 大多数时间 /5 总是）

（1）我拥有明确的目的。

（2）我拥有强烈的愿望实现目标并达到要求。

（3）我善于设定具有挑战性的目标。

（4）我喜欢讨论并愿意做高风险的工作。

（5）我善于分析并应对潜在风险。

（6）我总是尽量想办法把工作做得更好。

（7）我鼓励并支持他人提出建设性的意见。

（8）我通过学习，完善工作表现，不断进步。

（9）我的行为遵循规范和准则。

（10）我发挥自身的特质，值得信赖。

（11）我待人真诚。

（12）我勇于承认自己的错误。

（13）我能够当面指出他人的错误行为。

（14）我遵循规律，即使这样做可能引发不满。

（15）我做事一贯尽职尽责。

（16）我信守承诺，言而有信。

（17）我工作条理清晰，认真细致。

（18）为了实现远大目标，我能够超越个人得失。

（19）参与重大的任务时，我保有强烈的目的感。

（20）我会依据团队共识来作决定，作选择。

（21）我会积极寻找机会完成团队的任务。

（22）我能够灵活地处理多种要求。

（23）我能够灵活调整做事的优先顺序。

（24）我应对变化反应迅速。

（25）我会调整自己的方法和策略，以应对环境的变化。

（26）我能够从多个不同的角度看待事物，保持灵活开放。

（27）我乐于讨论和尝试新观点、新方法。

（28）我主动尝试不同的方法解决问题。

（29）我善于分析风险，敢于冒险。

（30）我善于保持幽默。

（答案12345的分数分别为：1分、2分、3分、4分、5分）

总计得分：_____。

思考与练习

（1）我的3项优势是什么？

（2）我的3项短板是什么？

（3）我的潜在行动是什么？

资料导读：获得幸福的思维方式

哈佛大学的《幸福课》风靡全球，教授这门课的泰勒·本－沙哈尔（Tal Ben-Shahar）教授认为，幸福取决于你有意识的思维方式，并总结出了以下12点有意识地获得幸福的思维方式：

（1）不断问自己问题。持续探索自我，值得你信仰的东西就会显现在你的现实生活中。

（2）相信自己。怎么做到？通过视觉想象告诉自己一定做得到，勇于尝试，也相信他人。

（3）学会接受失败，否则永远不会成长。

（4）接受自己是不完美的。生活不是一条一直上升的直线，而是一条上升的曲线。

（5）允许自己拥有人的自然情感，包括积极和消极的情感。

（6）记录生活可以帮到自己。

（7）积极思考遇到的一切问题，学会感激。感激能带给人类最单纯的快乐。

（8）简化生活。贵精不贵多。对自己不想要的东西学会说"no"。

（9）幸福的第一要素是：亲密关系。这是人的天性需求，要为幸福长久的亲密关系付出努力。

（10）充分休息和运动。

（11）做事有三个层次：工作、事业、使命。找到你在这个世界的使命。

（12）从自身的努力开始。教育子女最好的方法就是做个诚实的父母。

自我调整的目的在于通过释放自身内在的潜力，在与外部世界良好的互动过程中，有所作为，有所贡献，同时，保有持续的美好内在体验。

第一节 驱动自我

动机（motivation）与情绪（emotion）词根一致，均源于拉丁文（mot），即行动之意。我们有了动力，就有了目的感和付出行动的驱动力。动机让人情绪高涨。按照一位科学家的说法："自然想让我们做什么，就把什么变成乐趣。"动机是乐趣所在，要想表现非凡，需要有良好的动机。追求卓越离不开外界的有利因素，然而，只有认识并激发个体更根本的内在动机，个体才能拥有顽强的、源源不断的驱动力，持续自发地投入努力。

案例：激励个体的 7 要素

美国通用电气公司（GE）的前总裁杰克·韦尔奇在《赢》中谈到他在 GE 公司的管理实践：调动个体的积极性至关重要，与 7 个主要因素相关。其中，3 个是必备因素，4 个是辅助因素。

● 3 个必备因素分别为：金钱、工作内容和良好的关系。

● 4 个辅助因素分别为：认可、庆祝成功、愿景和带着成就感迎接挑战。

培养驱动自我的能力包括 3 个关键行为：激发成就需求、体验涌流状态和创建个人愿景。

一、关键行为 11——激发成就需求

案例：小盲童戴维的梦想

英国教师布罗迪在整理阁楼上的旧物时，发现了一叠练习册，它们是皮特金幼儿园 B（2）班 31 位孩子的春季作文，题目叫：未来我是……。他本以为

这些东西在德军空袭伦敦时在学校里被炸飞了，没想到它们竟安然地躺在自己家里，并且一躺就是五十年。

31 个孩子都在作文中描绘了自己的未来，有当驯狗师的，有当领航员的，有做王妃的，五花八门，应有尽有。其中，一个叫戴维的小盲童，他认为将来自己必定是英国的一个内阁大臣。布罗迪读着这些作文，突然有一种冲动，何不把这些本子重新发到同学们手中，让他们看看现在的自己是否实现了 50 年前的梦想。于是，他在当地一家报纸发了一则启事，没几天书信向布罗迪飞来。他们中间有商人、学者及政府官员，更多的是没有什么特别身份的人。他们都表示很想知道儿时的梦想，并且很想得到那本作文本。布罗迪按地址一一给他们寄去。

一年后，布罗迪身边仅剩下小盲童戴维的作文本没人索要，他想这个人也许已经死了，毕竟过去五十年了。就在布罗迪准备把这个本子送给一家私人收藏馆时，他收到内阁教育大臣布伦克特的一封信，信中说："那个叫戴维的是我，感谢您还为我们保存着儿时的梦想。不过我已经不需要那个本子了，因为从那时起我的梦想一直在我的脑子里。我没有一天放弃过，50 年过去了，可以说我已经实现了那个梦想。今天我还想通过这封信告诉我其他的 30 位同学，只要不让年轻时的梦想随岁月飘逝，成功总有一天会出现在你的面前。"

柯维在他的著作《第八个习惯》中指出："人与物不同，人拥有选择的自由。追求卓越，不能仅仅去控制，更需要释放个体的潜力。发挥领导力需要确立全人思维，即人拥有四个方面的基本需求，身体、情感、头脑和精神，调动并满足个体四个方面的需求，将有助于激发个体非凡的表现。"

激发成就需求的行动要点包括省视内在需求和激发成就感。

1. 省视内在需求

美国社会心理学家戴维·麦克利兰（David·C·McClelland）致力于对人的需求和动机进行研究，将人的高层次需求概括归纳为对成就、权力和亲和的需求。

第一种动机是成就需求，即实现有意义的目标。成就需求很强的人喜欢记分衡量，喜欢获得别人对自己工作成果的评价。比如，冲击令人瞩目的季度项目目标或者在行业年度展会上赢得大订单。成就动机强的人总是精益求精，是永远不会倦怠的学习者。不管现在做得多好，他们永远不会满足现状，总想做得更好。

第二种动机是权力需求，即对他人施加影响的欲望，可以区分为两种不同性质的权力需求。一种是以自我为中心的自私型权力，不在乎对他人影响的好坏，比如极端分子表现出来的权力欲；另一种是社会福利型权力，通过从正面影响他人、增加社会整体福利而感到愉悦。

第三种动机是亲和需求，即与他人相处获得愉悦感的需要。亲和动机很强的人仅仅和自己喜欢的人一起做事，所产生的愉悦就能激励他们。大家一起为共同目标努力，所有成员实现目标时的良好感受能使亲和动机强的人获得力量。容易合群的人可能是受到了亲和动机的影响。

个体的需求和动机往往是"内隐"的，根据日常表现作出的判断往往并不准确，当事人自己的表白也未必可信。比如，一位教师说他最强烈的愿望是传授知识，一位经理说他只对公司利润感兴趣……可是，经过仔细分析后你会发现，上述表白未必反映了实际情况，他们真正渴望的也许是共处的愉悦感，或者对他人施加影响的权力需求。通过深入省视内在的自我，理解自身需求和内在动机的组成，有助于我们激发自身的良好状态。

实践指导

（1）鉴别成就导向

在工作中，高成就导向通常表现为希望工作杰出或超出优秀标准。超出优秀标准可以是超越自己过去的业绩；或者超越一种客观衡量标准；或者比其他人做得更好；又或者是做了其他人从未做过的事。个体具备类似特质的程度，可以通过以下特征维度加以识别：

● 渴望做好：努力把工作做好或做对。也许表现为对浪费、低效率或者没有任何具体改进的受挫感（即抱怨所浪费的时间，表示想做得更好）。

● 迎接挑战：付出超常的努力，实现有难度的目标。"有难度"也许是只有 50% 的把握达成，也许是对照某基线业绩表现的更高业绩表现。例如，接手时的工作效率为 20%，现在要提高到 85%。

● 改善业绩：对某系统或自己个人工作方法作出具体改变以改进业绩即把某事做得更好、更快、更省、更有效。比如：改善质量、提高客户满意度、优化精神面貌、促进收益等。

● 分析受益：详尽分析潜在利润、投资盈利率或成本效益，在仔细计算的基础上做决策、确认优先顺序或选定目标。

● 自创方法：采用自己的方法衡量过程，力求杰出表现。也许表现为专注于某些新的或更确切的方法以达到管理目标。

● 投入全力：为提高效益、改进业绩或实现有难度的目标，调动和投入最大可能的资源和时间，即使明知不一定成功。

结合自身表现，上述特质中，我最突出的一点是什么？

（2）连续问 5 个为什么

"连续问 5 个为什么"是在日本丰田公司著名的质量圈管理中应用并兴起的工作方法，力求通过刨根问底的不断追问，发掘问题的根源。后来，"连续问 5 个为什么"得到了多家优秀跨国企业的认可，并广为应用。美国杜邦公司曾规定，在经理会议上的任何决定，必须要经得起 3 个为什么的考量。

动机是个体行为表现背后的根本原因，通过"连续问 5 个为什么"，一旦对自身行为背后的初衷有了进一步的澄清，我们就可以尝试评估动机的合理性。例如，"是仅仅为了自己，还是也想到了相关各方的需求？能够赢得他人的配合吗？"进而，我们还可以尝试调整动机，例如，"是不是从另一个角度出发或发起讨论会更加合理些？"

案例：我要和老板谈一谈

● 在问 5 个为什么之前：

小李想跟老板谈一谈，"感觉自己的价值被低估了，没有得到应有的赏识。"

● 尝试问 5 个为什么：

1.为什么我感觉自己的价值被低估了，没有得到应有的赏识？

（原因：最近很辛苦，却没人注意到。）

2.为什么我觉得他们没有看到我做出的成绩？

（原因：在上次例会上，老板特别表扬了几个新人负责的项目。）

3.为什么我会觉得他们只关注新人？

（原因：公司已经宣布，LISA 将获得升值。）

4.为什么 LISA 得到了提升而不是我？

（这个初衷合理吗？去找老板谈，他会配合吗？要不要调整一下？"）

5.为什么我想找老板谈这个问题？

● 在问 5 个为什么之后：

小李想跟老板谈一谈，"如何借鉴 LISA 的经验，个人的发展机会是什么？"

思考与练习

（1）自我分析 12 题——我的成就动机有多强？

（12345，1 从不 /2 几乎不 /3 一半时间 /4 大多数时间 /5 总是）

● 我对工作的胜任感和成功有强烈的要求。

● 我面对现实，小心应对可能的失败。

● 我乐意，甚至热衷于接受挑战。

● 我往往为自己树立有一定难度而又不是高不可攀的目标。

● 我在认真分析和评估的基础上，敢于冒风险。

● 我喜欢通过自己的努力解决问题，绝不会以迷信和侥幸心理对待未来。

● 我愿意承担所做的工作的个人责任。

● 我希望得到所从事工作的明确而又迅速的反馈。

● 我一般不常休息。

● 我喜欢长时间、全身心地工作。

● 我即使真正出现失败也不会过分沮丧。

● 我喜欢表现自己。

共计得分：_____。

（2）我的强项是什么？我的短板是什么？

（3）我的潜在行动是什么？

2. 激发成就感

为什么有些人具备强烈的意愿寻求机遇和挑战，期待努力工作以取得成就，而另外一些人则对此抱着无所谓的态度呢？许多年来，心理学家们一直试图解释这样一些有趣的问题：成就感是不是只是偶有所感？这是一种纯粹的动机（例如为了积聚财富、权力、名声），还是复合的动机（为了实现自我的需要）？最重要的是，成就感是否能够通过某些方式培养起来？

美国的心理学家们曾经对 450 名宾夕法尼亚州伊利镇一家工厂的失业工人进行了仔细的调查和研究。结果表明，大部分失业的工人会先在家中休息一段时间，然后到就业总署去登记，看看他们原先的工作或类似的工作是不是在招聘人员。但也有少数人作出了与众不同的选择：从失业的当天起，他们就四处活动，积极地寻找工作。他们仔细阅读报纸上的招聘广告，到各处的工会、教会、兄弟会寻求帮助；他们还参加训练班学习新的职业技能，以拓宽求职门路；他们甚至离开家乡到外地寻找工作。相反的情况是，有的人即使外地有活干，也不愿意离开伊利镇。

上述两类行为方式大不相同的人所处的环境大体是一致的：失业不久，亟须工作，缺乏生活保障。但实际情况是，只有少数人积极主动地去闯去争取，多数人却宁可忍受失业的熬煎，也不愿意下大力气为自己寻找出路。经过多年的观察与研究，心理学家断定，这少数人身上表现出来的特定的人类动机比其他人强烈得多，他们把这种动机称为"A 型动机"，代表了人性中一些很重要的性格特征。富有 A 型动机的人有三个显著特点：

● 喜欢自己设定具有挑战性的目标。

● 喜欢通过自己的努力解决问题，不依赖偶然的机遇或者坐享成功。

● 要求立即得到反馈，弄清工作结果。

A 型动机强烈的人之所以这样行事，是因为他们一有时间，就会考虑如何把事情做得更好、更令人满意。经验表明，这种想法并非与生俱来，而是与后天的培养密切相关。例如，父母在家里为孩子设立中等难度的成绩目标，热情鼓励并帮助孩子达到这样的目标。这样，孩子从小就树立了一种勇于接受挑战、奋力实现自己目标的想法。

实践指导

（1）设立具有挑战性的目标

● 不满足于漫无目的地随波逐流，渴望有所作为。

● 不甘于接受特别容易的工作任务。

● 勇于承担明确的个人责任，并付诸行动。

联结实践：在工作中，我的一个有挑战的目标是什么？

（2）谨慎探讨实现目标的难度

● 分析、评估可能达成的程度。

● 选择适宜难度的目标，既不是唾手可得没有一点成就感，也不是难得只能凭运气。

● 强调个人努力，而不是仅仅依靠机会或他人的帮助。

联结实践：在工作中，我的一个有挑战的目标现实可行吗？

（3）建立反馈机制

● 衡量实现目标的进程。

● 建立记分牌衡量关键节点。

● 主动获取关于工作绩效的反馈信息。

联结实践：实现有挑战的工作目标，我如何衡量过程进展？

资料导读："全压训练" 4 项要素

为了激发成就感，麦克利兰针对管理者设计了全压训练班，包括如下 4 项要素：

● 培养高成就感个体的行为习惯：指导参加者借鉴高成就感的个体惯用的方式，练习思考、交谈和行动。

● 设定有挑战的目标：鼓励参加者经过仔细推敲，为今后两年设定现实的、有挑战的目标。

● 增强认知自我：运用多种方式，帮助参加者更好地认识自己。比如，向集体解释自己的行为，或者共同分析个体的心理和动机。从而突破固有思维，重新认识自己。

● 构建支持性的氛围：鼓励互动交流，了解别人的希望，彼此分享成功和失败。通过设定的情景和共通的经验，增进个体感触，构建支持性的集体氛围。

二、关键行为 12——体验涌流状态

耶克斯 - 多得森定律（Yerkes-Dodson Law）是心理学家耶克斯（R.M Yerkes）与多德森（J.D Dodson）经实验研究归纳出的一种法则，用来解释动机水平、工作难度与工作效率三者之间的关系。动机水平与工作表现之间的关系是倒 U 形曲线，同时，动机水平的最佳水平不是固定的，依据任务的不同难度会有所改变。在完成简单的任务中，动机水平高，工作效率可以达到最佳水平；在完成难度适中的任务中，中等的动机水平效率最高；在完成复杂和困难的任务中，偏低动机水平下的工作效率最佳。如下图所示：

动机水平、工作难度与工作效率三者之间的关系

耶克斯 - 多得森定律形象描述了三种主要的心理状态：空闲、涌流和疲惫。每种状态对个体能力表现起到重要作用。空闲和疲惫降低表现水平，涌流可提升表现水平。

在空闲状态下，人们对工作感到厌倦，缺乏激情和兴趣，压力不足，基本上没有动力发挥最佳水平，敷衍了事，只求保住工作。在无聊与空闲的状态下，大脑几乎不能激发出应激荷尔蒙，个体表现由此受到影响。

在疲惫状态下，会使人进入恶性压力的状态。有可能是因为任务过于棘手，难以完成；或者压力过大，不仅任务多而且时间紧；又或者缺少支持，资源匮乏。大脑释放出过量的应激荷尔蒙，开始干扰我们有效表达、倾听、分析、计划、决策和创造的能力，妨碍了个体表现。这时，人更容易生病，思维能力也会下降，同时生物钟紊乱，睡眠质量变差。

在涌流（FLOW）的状态下，个体能够保持全神贯注，压力适度，能够灵活敏捷地面对不断变化的挑战，发挥最高技能水平，并且对从事的工作感到不折不扣的愉悦。涌流状态在耶克斯－多得森曲线的最理想位置，被称为最佳表现区。

个体是否成为了某一领域的专家，有一个令人信服的现象可以揭示实情：真正的专家在运用专业技能时，大脑唤起的总体水平往往比较低，这说明他们尽管发挥了最高水平，但相对而言毫不费力。

联结实践：今天我经历过哪些空闲、疲惫或涌流的状态？

体验涌流状态的行动要点包括分析涌流构成要素和应用涌流加速器。

1. 分析涌流构成要素

斯蒂芬·罗宾斯（Stephen P. Robbins）是美国著名的管理学教授，组织行为学领域的权威，他在亚里桑纳大学获得博士学位，曾就职于壳牌石油公司和雷诺金属公司。斯蒂芬·罗宾斯是我个人学习管理学的启蒙老师，他的著作《管理学》和《组织行为学》被全世界200多家商学院甄选为工商管理硕士（MBA）的指定教材。斯蒂芬·罗宾斯在畅销书《管人的真谛》中对涌流的构成要素有所揭示：

（1）首先，在涌流的状态下个体表现为全神贯注，失去了时间的概念。在涌流的过程中，个体未必感受到特别的愉悦，但在涌流状态结束后，个体往往能够体会到持续的内在喜悦和充实感。例如，傍晚的办公室里，你在准备明日发言的幻灯片。1个小时过去了，新的想法、细节的调整、关键问题的设计，你全神贯注，思路活跃，欲罢不能。终于大功告成了，这时，你才猛然意识到，早已过了下班时间。不过这不要紧，看着自己的成果，你不禁倍感欣慰。

（2）其次，能够有助于个体进入涌流状态的情景，通常需要具备4个要素：较高专业技能的发挥、高度集中的注意力、有挑战的目标和针对具体表现的过程反馈。上述分析生动诠释了为什么孩子们喜爱的电脑游戏需要不断积分，需要定期的升级；为什么孩提时代、学生时代的许多我们钟爱的活动，在成年后便已不再具备那么强烈的吸引力了。更有趣的是，你发现了吗？恰恰是我们日常的专业工作，在不同程度上满足了上述4个要素。由此看来，在工作中追求流畅的体验，并非遥不可及。

（3）空闲、疲惫和涌流三种大脑运行的状态，重新定义了领导者的根本任务：帮助人们建立并保持最佳表现的大脑状态。在国际知名的领导力培训机构——富兰克林柯维公司设计的《卓越领导力》课程中，对企业内员工的投入度做了划分，员工投入度由低到高分别为：反叛或背离、心怀恶意的服从、自愿的服从、愉快的合作、由衷的承诺和创造性的振奋。其中，较常见的"自愿的服从"是指，你让我干什么我就干什么，你给钱我办事，你不说的我一定不做。而"愉快的合作"则不一样，员工开始主动提问："经理，接下来的重点是什么？"员工会主动向上级反映一线的实际情况，乐于提出建议。很明显，在同样的资源和能力基础上，员工投入度的提高意味着更好的个体绩效表现，而这也正是管理者通过发挥领导力期望达成的效果。

思考与练习

（1）在工作中，哪些团队同伴的投入度超过了"愉快的合作"？有哪些具体表现行为？产生了什么影响？

（2）我的潜在行动是什么？

2. 应用涌流加速器

纵观当前的流行文化，电视台的各种娱乐栏目层出不穷。曾经，有一位"90后"的年轻人在培训课堂上一语中的，"娱乐至死正是当今流行文化的精髓之一。"不容忽视，追求快乐是人的天性，我们也应该在工作中不断地创造快乐的源泉。应用4个加速器，可以促进个体体验涌流状态。

（1）根据个体技能调整任务要求

作为管理者，要努力保持员工完成任务的最佳状态。如果员工参与度不够，就要增加工作乐趣，提高挑战性，比如增加任务；如果员工压力过大，就要降低要求并提供更多的支持（情感关怀或资源保障均可）。如果你是一线员工，出于更好地发挥个人能力的目的，就要主动找到上级，争取获得有挑战性的工作任务，或者针对过载的工作任务，一起探讨可行的调整方法。

（2）提升针对性的专业技能

通过多种形式的培训、教练辅导、导师体系和个人发展计划等方法，针对工作任务需要和岗位职能要求，提升个体的专业技能，以适应更高水平的要求。

（3）提高注意力管理的能力

聚焦注意力本身就是进入涌流的途径，可以尝试放松、冥想和正念等方法。同时，配合任务安排、工作氛围和相关情景因素的必要支持。

（4）运用能够即时反馈的记分方式

分析任务特点，为工作进程设计记分方式。简洁明确，即时更新，为个体的表现提供实用的即时反馈。

案例：有惊无险的试用期

从内资企业跳槽到外企的瓜哥心理压力非常大，原先的老板在最后一次谈话时曾坦言提醒："那里不适合你！"是的，英语不好，全新的工作环境，由管理200多人的总经理变成了为客户服务的咨询顾问，有那么多的专业技术资料要学习，包括同伴审视、异样的目光，一想到这些，瓜哥就不禁头皮发紧。不过还好，瓜哥依然能够保持住惯有的沉稳，至少要做到"倒驴不倒架"！

公司对待试用期的瓜哥的方式很有意思。没有什么太多的关注，3个相关经理、加起来不到2个小时的谈话，领取了一堆专业资料后，瓜哥便开始安静地准备了。连续2周，没有什么人找他。不过工作目标是再清楚不过的，40个工作日后要能够独立承担新项目，以客户满意度的认可反馈为准。

瓜哥以为试用期会一直安静地进行下去，但是在第三周，情况明显有变。他的直接经理与他约定，每周要有1次专门的1小时讨论，辅导他专业技术的学习。同时，每周还要有 1 次 2 小时的公司内部的项目模拟讨论会，由瓜哥主持，并且要寻求同伴的反馈。还好，有了前两周的适应，瓜哥一路小跑，还应付得了。

令瓜哥吃惊的是从第二个月开始，任务突然加剧，有人临时通知他参加一线的项目会议，并且负责部分报告的交付工作。中间，经理又叫他一起出差，安排他开始介入另外 2 个新项目。让瓜哥略感安慰的是经理承诺与他一起负责，会随时提供指导。有趣的是，当瓜哥在 3 个项目中开始不知所措时，经理和他谈了一次话，请他自己选择要负责哪一个项目的工作，一旦决定，即意味着要全身心投入，并且要负责承担项目进程中量化考评指标的达成。

40 天很快过去了，当瓜哥收到中国区总裁发来的欢迎 ON BOARD（即上船）的邮件时，才猛然意识到，自己刚刚通过了严厉的考验。"成堆的专业资料、不断调整的试用期任务、时松时紧的工作节奏、毫不含糊的过程衡量与反馈、还有经理外松内紧的辅导和考评……"这一切，瓜哥已经记不清细节了。不过还好，有惊无险，而且，挺带劲的！

联结实践：运用涌流加速器，优化现有工作设计。

三．关键行为 13——创建个人愿景

如果你想造一艘船，先不要雇人收集木头、切割木板，或者给他们分配任何任务，而是先激发他们对广阔无垠的海洋的渴望。

——安托万·德·圣·埃克苏佩里

从现代管理学的角度来看，愿景是指未来成功的景象，是关于有意义的目标的构想，与目标有本质的不同。提到创建愿景，最常见的争论是："谁能预测未来啊？创建愿景就如同画大饼，华而不实。"针对上述说法，现在管理学之父彼得·德鲁克明确指出："我们无法预测未来，不过，我们可以创造未来。创建愿景不是在做未来的决策，而是在做现在的决策创造未来的结果。"因此，针对可持续的发展，创建愿景时需要思考的问题重点不在于"这件事发生的可能性有多大？未来会怎样？"如果那样做，无异于在豪赌未来。应该着重探讨如下一系列问题："过去发生了哪些事？现在的情况怎么样？变化持续存在，现象背后的趋势是什么？哪些因素的作用还没有彰显出来？"在思考上述问题

的基础上，再对可能的未来作出进一步的愿景规划。

从现代心理学的角度来看，愿景则更为有趣。耶鲁大学的保罗·克鲁姆教授（Paul Bloom）在《心理学导论》的课堂上明确指出："从现代心理学研究的角度来看，愿景这一概念可以说连错都谈不上，根本谈不上对。它不属于科学研究范畴，更像是艺术领域的话题。"心理学研究领域的裂脑理论认为，人的大脑分为左脑和右脑两部分，认知世界的方式各不相同。左脑认知世界的方式为分析式，注重步骤和逻辑；右脑认知世界的方式为全息式，强调创新和艺术。而在《高效人士的七个习惯》一书中，柯维特别指出：创建个人愿景，需要更多发挥右脑的功能。有趣的是，来自企业界实践者的经验分享也倾向于这一观点。万通房地产公司的董事长冯仑在《理想丰满》中这样讲道："理想和愿景有点像中药，效果看坚持。"

案例：安，要记得你心里的梦想！

1978 年，当我准备报考美国伊利诺大学的戏剧电影系时，父亲十分反感，他给我了一个资料：在美国百老汇，每年只有两百个角色，但却有五万人要一起争夺这少得可怜的角色。当时我一意孤行，决意登上了去美国的班机，父亲和我的关系从此恶化，近二十年间和我说的话不超过一百句。

但是，等几年后从电影学院毕业，我终于明白了父亲的苦心所在。在美国电影界，一个没有任何背景的华人要想混出名堂来，谈何容易。从 1983 年起，我经过了六年的漫长而无望的等待，大多数时候都是帮剧组看看器材，做点剪辑助理、剧务之类的杂事。最痛苦的经历是，曾经拿着一个剧本，两个星期跑了三十多家公司，一次次面对别人的白眼和拒绝。

那时候，我已经将近三十岁了。古人说：三十而立。而我连自己的生活都还没法自理，怎么办？继续等待，还是就此放弃心中的电影梦？幸好，我的妻子给了我最及时的鼓励。

妻子是我的大学同学，但她是学生物学的，毕业后在当地一家小研究室做药物研究员，薪水少得可怜。那时候我们已经有了大儿子李涵，为了缓解内心的愧疚，我每天除了在家里读书、看电影、写剧本外，还包揽了所有家务，负责买菜做饭带孩子，将家里收拾得干干净净。还记得那时候，每天傍晚做完晚饭后，我就和儿子坐在门口，一边讲故事给他听，一边等待"英勇的猎人妈妈带着猎物（生活费）回家"。

这样的生活对一个男人来说是很伤自尊心的。有段时间，岳父母让妻子给我一笔钱，让我拿去开个中餐馆，也好养家糊口，但好强的妻子拒绝了，把钱还给了老人家。我知道了这件事后，辗转反侧想了好几个晚上，终于下定决心：也许这辈子电影梦都离我太远了，还是面对现实吧。后来，我去了小区大学，看了半天，最后心酸地报了一门计算机课。在那个生活压倒一切的年代里，似乎只有计算机可以在最短时间内让我有一技之长了。那几天我一直萎靡不振，妻子很快就发现了我的反常，细心的她发现了我包里的课程表。那晚，她一宿没和我说话。

第二天，她去上班之前，都快上车了，突然，她站在台阶下转过身来，一字一句地告诉我："安，要记得你心里的梦想！"

那一刻，我心里像突然起了一阵风，那些快要淹没在庸碌生活里的梦想，像那个早上的阳光，一直射进心底。妻子上车走了，我拿出包里的课程表，慢慢地撕成碎片，丢进了门口的垃圾桶。后来，我的剧本得到基金会的赞助，我开始自己拿起摄像机，再到后来，一些电影开始在国际上获奖。这个时候，妻子重提旧事，她才告诉我："我一直就相信，人只要有一项长处就足够了，你的长处就是拍电影。学计算机的人那么多，又不差你李安一个，你要想拿到奥斯卡的小金人，就一定要保证心里有梦想。"

如今，我终于拿到了小金人。我觉得自己的忍耐、妻子的付出终于得到了回报，同时我也更加坚定，一定要在电影这条路上一直走下去。因为，我心里永远有一个关于电影的梦。

愿景领导是当今领导力研究领域的一个热门话题，被评价为效果最积极、普遍适用于不同企业文化的领导风格。但是，在实践方法上，众说纷纭，往往个体的实干领先于理论归纳，很难有迹可循。与领导他人和领导组织所聚焦的议题不同，创建个人愿景探讨的是领导自我，在行动指导方法上，也面临同样的挑战。

实践指导

借鉴哈佛商学院的罗伯特·史蒂文·卡普兰（Robert Steven Kaplan）教授在《哈佛商学院最受欢迎的领导课》一书中提供的指导，创建个人愿景，以下 7 个要素不可或缺。

（1）以个人使命为基点。

（2）结合个人的兴趣，发挥个人的特长。

（3）分析客观环境的机会和威胁。

（4）考虑大背景（如组织愿景、家庭愿景等）。

（5）落实到现实关键要务上，即落实到个人长期目标的制订（一般为 3—5 年）。

（6）描述内容朗朗上口，展示形式确保醒目。

（7）持续回顾、精制和修订。

思考与练习

（1）应用创建愿景工具表，描述个人愿景。

（2）我计划什么时候、和谁分享我的愿景？

（3）我计划在什么时候回顾和精制我的愿景初稿？

关键行为汇总

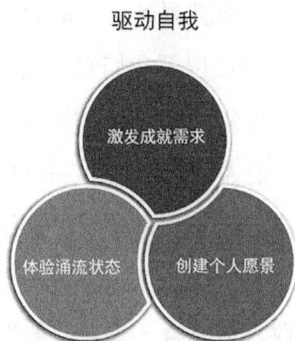

驱动自我

激发成就需求

体验涌流状态　创建个人愿景

第二节 承担责任

资料导读：这是一个自拍和自拍杆的时代

（摘译自 哈佛大学校长德鲁·福斯特在 2015 年哈佛毕业典礼上的演讲）

这是一个自拍和自拍杆的时代。不要误解我：自拍真是件令人欲罢不能的事儿，而且在两年前的毕业典礼演讲上，我还特意鼓励毕业生们多给我们发送一些自拍照，让我们知道他们毕业后过得怎么样。但是仔细想想，如果社会里的每个人都开始过上整天自拍的生活，这会是怎样一个社会呢？对我来说，那也许是"利己主义"最真实的写照了。韦氏词典里，"利己主义"的同义词包括了"以自我为中心""自恋"和"自私"。我们无休止地关注自己的形象、得到的"赞"，就像我们不停地用一串串的成就来美化的简历，去申请大学、申请研究生院、申请工作。借用 Shepard 的话来说，就是进行不停的"自我放大"。

我们花很多时间盯着屏幕看，却忽视了身边的人。生活中的很大一部分经历不是被我们体验到的，而是被保存、分享并流传于网络上的，最终它们呈现出的是一种由我们所有人合成的自拍照。当然，适度的利己是我们的本性。正如我们哈佛大学的生物学家威尔逊教授最近写道的："我们是一个充满无尽好奇心的物种：只要对象是我们自己以及我们知道或想知道的人们。"但是我想强调的是，这种自我迷恋会有两个令人不安的后果。

首先，它削弱了我们对于他人的责任感：一种服务他人的意识。

其次，过度的自我关注掩盖的不仅是我们对于他人的责任，还有我们对于他人的依赖。

适度的利己是我们的本性，而德鲁·福斯特的发言提醒我们，要小心"自我迷恋"的困境。如果上网搜索"精致的利己主义者"，你会发现，这也是国内的思想界、教育界正在热议的话题。重视对他人的依赖，意味着我们能够始终心存敬畏，尝试自律，不会随意违反生活中既定的准则，尊重社会活动中现存的体系。这并不是在强调要因循守旧，而是因为正是那些例行的准则和体系维系着我们和他人之间的互动方式，反映着我们和他人的互赖关系。

案例：要关注现象背后

陈浩是来自一家基金公司的执行董事，在一次培训课程中，他感慨道："现在的年轻人都非常有特点，聪明能干，冲劲十足。这很好！只是，有一点实在是令人遗憾。他们好像不太善于、也许是不太愿意，借鉴他人的经验。例如，虚心请教前辈，包括尊重自己的老板。

"我经常听到这样的议论：公司的管理层每天究竟在干些什么？我看那个老大的水平也不怎么样。这个项目要是由我来做，肯定会不一样。

"他们这样讲，或许有道理。但遗憾的是，他们没有看到别人的能力与贡献，忽视了凡是能够存在的，现象背后一定有过程中的努力和相应的原因，一定有可以从中借鉴的宝贵经验。"

培养承担责任的情感能力，正是希望能够帮助个体关注与周围世界的联系，管理自我的行为，承担对自己的责任，也为承担对他人的责任和承诺作好准备，并且通过有所贡献，在付出的过程中得到更丰厚的回报。

培养承担责任的能力包括 3 个关键行为：培养自律、信守承诺和确立贡献。

一、关键行为 14——培养自律

在百度搜索自律，会得到这样的解释：自律，指遵循法律法规并以此为基础进行的自我约束，是一种理论意义大于实际意义的规范自身的手段。培养自律，是指通过约束个体行为，指导个体承担对自身的责任，协助自己与身边的事物、周围的环境良好互动，同时还能促进积极的影响。

培养自律的行动要点包括：追求道德、遵守规则和保持能量。

1. 追求道德

斟酌再三，使用了追求一词而不是恪守，并不是要回避问题，只是希望能够面对现实。威廉·A.科恩在《德鲁克论领导力》一书中谈到他的导师彼得·德鲁克对商业道德的论述，可以简要汇总为以下 3 点：

● 首先，不要造成伤害

"首先，不要造成伤害。"来自 2400 年前的《希波克拉底誓言》（Hippocratic Oath），古代西方医生在开业时都要宣读一份有关医务道德的誓词，由古希腊的名医希波克拉底拟定。

● 正视镜中的自己

"正视镜中的自己"是提醒我们每日自省，叩问内在的良知，"我是怎样的？应该怎样？"

● 道德是值得追求的，而不是用来评判的

"追求道德，而不是用来评判"是提醒我们不要总是用道德来考量生活中的各样现象。"我是个有道德的人"这样的声称，往往显得既伪善又苍白乏力。不懈地追求道德，才是真谛所在。

案例：孩子，你得把它放回水里去

詹姆斯 11 岁时，和家人住在湖心的一个小岛上。父亲是个钓鱼高手，小詹姆斯从不愿放过任何一次跟父亲一起钓鱼的机会。那一天，正是钓翻车鱼的好时机，傍晚，詹姆斯和父亲在鱼钩上挂上蠕虫——翻车鱼最喜欢的美食。詹姆斯熟练地将鱼钩甩向落日映照下的平静湖面。

月亮渐渐地爬出来，银色的水面不断地泛起微波纹……突然，詹姆斯的鱼竿被拉弯了，他马上意识到那是个大家伙。他吸了一口气使自己镇静下来，开始慢慢地遛那个大家伙。父亲一声不响，只是时不时地扭过脸来看一眼儿子，眼光里是欣赏和赞许。两个小时过去了，大家伙终于被詹姆斯遛得筋疲力尽。詹姆斯开始慢慢地收钩，那个大家伙一点点露出水面。詹姆斯的眼珠都瞪圆了：我的天哪，足有 10 公斤！这是他见到过的最大的鱼。詹姆斯尽力压抑住紧张和激动的心情，仔细地观看自己的战利品，他发现，这不是翻车鱼，而是一条大鲈鱼！

父子俩对视了一下，又低头看着这条大鱼。在暗绿色的草地上，大鱼用力地翻动着闪闪发亮的身体，鱼鳃不停地上下扇动。父亲划着一根火柴照了一下手表，是晚上十点钟，离允许钓鲈鱼的时间还差两小时！父亲看了看大鱼，又看了看儿子，说："孩子，你得把它放回水里去。""爸爸！"詹姆斯大叫起来，"好不容易才钓到这么大的鱼呀！"儿子大声抗议。

詹姆斯向四周望去，月光下，没有一个垂钓者，也没有一条船，当然也就没有其他人会知道这件事。他又一次回头看着父亲。父亲再没有说话。詹姆斯知道没有商量的余地了，他使劲地闭上眼睛，脑中一片空白。他深深地吸了一口气，睁开了眼睛，弯下腰，小心翼翼地把鱼钩从那大鱼的嘴上摘下来，双手捧起这条沉甸甸的、还在不停扭动着的大鱼，吃力地把它放入水中。那条大鱼在水中一摆就消失了。

这是 34 年前的事了。今天的詹姆斯已经是纽约市一位成功的建筑设计师，他父亲的小屋还在那湖心小岛上，詹姆斯时常带着他的儿女们去那里钓鱼。詹姆斯确实再也没有钓到过那么大的鱼，但是那条大鱼却经常会出现在他的眼前——当遇到道德的问题时。这件事在詹姆斯的记忆中永远是那样清晰，他为自己的父亲而骄傲，也为自己骄傲，他还可以骄傲地把这件事告诉他的朋友们和子孙后代。

道德问题虽然在讨论时只是一个简单的关于正确或错误的问题，但是实践起来却并不轻松，特别是当你面对着很大的诱惑的时候。如果没有人看见你行为的时候，你能坚持正确吗？在时间紧急的情况下，你会不会违章行驶呢？在没人知道的情况下，你是否会把不属于自己的东西据为己有？

实践指导：小心"管理者的七宗罪"

（1）傲慢之罪

如果领导者对自己所达成或正在达成的成就感到自豪，是完全可以接受的。然而问题在于，如果因为自信心的极度膨胀，使得领导者认为自己已经超乎常人，不再受一般的规则所约束，那就会出大问题了。很不幸，这正是许多领导者容易走入的歧途。

（2）色欲之罪

"也许有点夸大，但似乎绝大多数男人只要一旦被提拔为高阶主管，他们就会以为自己是上帝赐给女人的礼物。"同样的情况也会发生在女性高管身上。对领导者而言，色欲可能带来极为不幸的后果。在任何工作场合，色欲都会导致嫉妒、偏袒、不信任，最后对每个人自身以及人际关系都会造成损害。

（3）贪婪之罪

贪婪之罪是一种欲求过度所造成的罪行，它通常伴随着权力而生。领导者拥有权力，而很不幸的是，但如果不够谨慎的话，权力会使人腐化。贪婪的开端也许只是收受一点点微不足道的好处，然而很快就会膨胀为更多更大的贪污行为，甚至更糟。这一切是怎么发生的？原因出在，领导者总会看到那些比他拥有更多享受的人，然后开始自问："那些人能力不如我（在领导者自己看来），凭什么享受更多？嗯，这样看来，收受一点小小的贿赂也不是什么大事，那甚至根本就不算贿赂，只不过是朋友间的一点利益交换而已！"然而，只要领导者踏出这一步，贪婪很快就会占据他的心。

（4）懒惰之罪

懒惰之罪，简单说就是不愿意去做该做的事。有时候纯粹是因为懒散，但更多的时候，领导者是因为不屑去做他认为比较"低下"的工作。比如，领导者手头有急需完成的任务，而他也有这个能力去完成，但他却只是站在一边看着。尽管这工作是由他全权负责的，而他也能够给予下属更多实质的帮助，但他却只愿意在一旁"指挥"下属做事。懒惰之罪还体现为领导者不了解一线的实际工作情况，还有他本应掌握的项目细节。

（5）愤怒之罪

愤怒之罪指的是无法控制的暴怒。事实上，在特定的情况下，领导者的愤怒是能够达到积极作用的。愤怒有时候可以协助领导者调动一些物质上或心理上的资源，来解决当前的问题。然而，领导者必须避免重复的、无法控制的愤怒，因为这对他们的领导能力会产生负面影响。愤怒会摧毁士气，愤怒的正面效果很有限而且难以持续，而且一旦用愤怒来刺激员工，往后可能需要更多的愤怒才能起到效果。此外，处于愤怒状态的领导者会丧失自我察觉和客观看待事物的能力。失控状态下所采取的行动通常是错误的，而且需要付出更多的努力来纠正所犯下的错误。

（6）嫉妒之罪

嫉妒之罪，是指领导者对别人所享有的东西感到眼红。嫉妒有时候伴随着贪婪，但并不一定总是如此。嫉妒之罪经常促使领导者采取某些行动来减轻自己的嫉妒心理。因此，一个犯下嫉妒之罪的领导者会拒绝表扬某个表现优秀的下属，会试图破坏别人的名誉，甚至采取激烈的手段来打击那些让他感到嫉妒的人。毫无疑问，这种做法会伤害对方，会对组织造成损失，最终会反过头来伤害到领导者自身。

（7）贪食之罪

谈到贪食之罪，多数人只会想到口腹之欲昂贵的食物和酒水是稀少的，因此过度消费这些奢侈品可以说是种罪恶，但贪食之罪并不仅限于食物方面。复杂和繁重的工作，杰出的个人能力和表现，高阶经理人的确值得拥有高薪酬的丰厚待遇。但是，如果一味追求过高的薪酬，造成高阶主管和最基层员工之间的薪酬差距日益加大；或者在公司经营状况不佳裁减人员时，仍然拥有年度超高薪酬，这明显是不道德的。

思考与练习

（1）在工作中，我注意到了哪些追求道德的言行？这些言行产生了哪些影响？

（2）结合"七宗罪"的讨论，我将如何提高自身的道德表现？

2. 遵守规则

规则是我们维持平时正常工作、学习和生活所不可缺少的。买票要排队，走在马路上要遵守交通规则，工作时要遵循公司的规章制度……我们平时的一举一动都受到一定的要求和约束，规则指导我们该怎么做和不该怎么做。遵守规则的关键在于个体能够由被动接受转变为主动遵循，即自觉地遵守。古希腊的哲学家毕达哥拉斯（Pythagoras）提醒我们：不能约束自己的人不能称他为自由的人。自律并不是让一大堆规章制度来层层地束缚自己，而是用自律的行动创造一种井然的秩序，来为我们的工作和生活争取更大的自由。

案例：恪守"8-20-90"的培训规则

现代培训的发展非常强调课堂互动，以促进学员的学习为核心目的，讲师则务必力求灵活引导授课过程。通常情况下，即使是同一门标准的培训课程，结合不同讲师和学员的特点，往往也会有不同的演绎风格和方式。培训讲师在准备课程时，通常都会增加一些自己熟知领域的案例，一是有助于发挥个人特长，二是探讨起来也会更有信心。上述这些尝试和努力都颇具价值，有人甚至用"用兵之妙，存乎一心"来形容。

有趣的是，伴随着讲课经验的不断丰富，我对"用兵之妙，存乎一心"又有了进一步的个人体会。我发现如此方法多变的讲课尝试，有时候会令课程效果非常精彩，但是，偶尔也会出现课程结构松散等不尽如人意的情况。那么，如何做到既灵活服务学员，又确保稳定的课程质量，尤其是精准演绎好课程的系统方法和递进影响呢？

在讲授了 3 年超过 200 场次的《高效能人士的七个习惯》课程以后，我逐渐发现，原先自己加入的一些其他相关内容的讨论，也许会不经意间影响课程关键议题的突出，或者干扰了系统方法的精准运用，又或者模糊了讨论背后的深入思考。于是，我开始逐步删除自己原先增加的内容、案例和活动，谨慎评估每一处的细微调整，尽量在保持灵活的同时，恪守经典课程经过千锤百炼而凝聚的原始设计规则。

许多资深的培训讲师也有类似的分享交流，越来越多的经验表明，针对不同特点的学员，课程的节奏、风格和讨论都会需要作出调整。然而，强调坚守"每8 分钟要有一个突出的闪光点，每 20 分钟要调整变换不同风格的探讨方式，每90 分钟至少需要休息一次"的培训授课基本规则，对于促进学员的整体学习收效至关重要。可以这样讲，尊重经典设计，恪守"8-20-90"，在遵守规则的基础上尝试"用兵之妙，存乎一心"，能够帮助培训讲师在灵活多样的课程探讨过程中保有难能可贵的系统稳定感和高水准的专业发挥。

遵守规则对于初入职场的年轻人而言，是至关重要的职业素质。拉姆·查兰（Ram Charan）在著作《领导梯队》中特别强调，作为个体贡献者需要具备4项基本的职业技能，分别为：技术或业务能力；团队协作能力；为了个人利益和个人成果建立人际关系；合理运用公司的工具、流程和规则。令人遗憾的是，在上述技能中，运用流程和规则往往正是大家忽视的环节。

实践指导

（1）制定待办事情的优先顺序，然后按顺序逐一执行。避免只看心情和一时的方便行事。

（2）理解相应流程和规则，特别是在你视为重要的、需要持续努力的方面。例如：日常的工作条例、团队协作方式、个人的关键业绩指标（KPI）等。

（3）向常见的借口挑战。无法自律的理由总会很多，比如今天太忙了，或者如果能够那样就好了。如果想培养自己主动遵守规则，首要的功课之一就是避免找借口的倾向。

（4）不随意打乱既定的计划方案。无论任何时候，只要注意力滞留在眼前的难题上，企图抄捷径而不是按规则踏踏实实去完成时，请务必仔细评估自己临时的调整，确保原有计划方案的连贯性。瞄准目标，权衡标准，谨慎调整，事情会逐步向前推进。

（5）把握单一事件的同时，关注要素间的联系。规则可能给单一环节的操作带来不便，但能够确保整体系统的持续和有效。比如，关注部门内工作岗位之间的联系；通过换位思考理解老板和客户的想法；理解现有业务调整背后的原因等。

联结实践：实践遵守规则，提高工作中的职业表现，我将如何行动？

3. 保持能量

案例：自律能量被巧克力饼干消耗掉了

一组被测者在一间屋子里等待测试，屋子里弥漫着刚烤出来的巧克力饼干的香味。测试人要求大家别动桌子上的饼干，它是为下一个测验准备的（其实不是），10 分钟后这组人去做测试题。题目很难，需要足够的自律来坚持做完；下一组被测者同样在屋子里等待，这回桌子上没有香喷喷的饼干，10 分钟后，同样去做测试题。

实验发现，两组被测者坚持的结果有很大差别。前一组最先放弃，后一组表现出更好的自律能力。为什么呢？因为前一组的自律能量被巧克力饼干消耗掉了，在控制想吃欲望的过程中用光了。

自律需要能量，而人的能量其实是有限的，需要合理利用，不能过度开采。过度地消耗个体能量，会导致难以发挥良好状态，个体甚至放弃自律转向崩溃。崩溃会由于表现失常而造成损失，带来进一步的消沉、沮丧和挫败感。保持能量是指了解个人每日的能量波动周期，通过有效维护防止透支，持续保有良好的个人能量状态。

实践指导：个人日常维护 5 要素

（1）运动：目前美国运动医学会和美国心脏协会给出如下建议：

● 每天进行中等强度的有氧心血管锻炼，每次 30 分钟，每周 5 次。中等强度的体育活动意味着运动量足够到心率提高、流汗，但仍可以正常与人交谈。

● 每两周进行力量或抗阻力训练来辅助你的有氧训练，每次锻炼都应在开始前进行至少 5 分钟的热身，并在结束后花费同样的时间来"冷却"。热身应包含一个缓慢的预热过程，比如先步行再拉伸肌肉。

● 要想减肥或保持体重，每天 60 到 80 分钟的身体活动是必要的。30 分钟的建议针对的是一般健康的成年人，使其保持身体健康并降低患慢性疾病的风险。

（2）饮食：近期，世界卫生组织发布最新健康膳食建议，强调在整个生命周期中食用健康的膳食可以帮助人们预防所有形式的失衡以及一系列的非传染性疾病。作为成年人，应注意如下细则：

● 多食用水果、蔬菜、豆类、坚果和全谷物（例如未加工处理的玉米、小米、燕麦、小麦、糙米）。

● 每天至少摄入 400 克（5 份）的水果和蔬菜。土豆、红薯和其他根类淀粉性食物不包括在其中。

● 游离糖摄入应低于 10% 的总能量，约 50 克，低于 5% 的总能量或许具有更多的健康效益。大多的游离糖是通过制造商、厨师或者消费者加入食品中的，也天然存在于蜂蜜和果汁中。

● 脂肪摄入量低于总能量的 30%。不饱和脂肪（来自鱼、坚果、菜籽油和橄榄油中）要优于饱和脂肪（来自肥肉、黄油、奶酪和猪油中）。工业反式脂肪（存在于加工食品、快餐、零食、油炸食品）不是健康膳食的一部分。

● 每天小于 5 克的食盐（相当于大约 1 茶匙），并食用加碘盐。

（3）睡眠：美国全国睡眠基金会关于积极改进睡眠的建议：

● 努力制定一个标准的作息时间表，尽量保持规律的睡眠时间。

● 确保卧室在夜间足够暗、凉爽且安静。

● 床、枕头、被子一定要舒适。

● 有规律地锻炼身体，但睡前 3 小时内不要锻炼身体。

● 睡前避免摄入咖啡因含量高的食物和饮料，避免饮酒。

● 尼古丁会使人睡眠困难，因此吸烟的人最好戒烟。

（4）放松：解放你的双腿，坐下或躺下，让紧张的肌肉得到放松，放慢呼吸会改变血液中的化学构成，对你的神经系统产生巨大的影响。如果每天坚持 5 到 10 次这样的每次两分钟的放松活动，你的压力水平就会大大降低，并会产生多方面对健康有益的影响。

（5）联系：增加面对面的人际互动。经验表明，朋友的数量往往与个体寿命的长度正相关。

联结实践：分别列出自己在生活中和工作中的 3 位朋友。

思考与练习

制订我的能量维护计划：● 每日运动改进：_____。● 每日饮食改进：_____。● 每日睡眠改进：_____。● 每日放松改进：_____。● 每日联系改进：_____。

二、关键行为 15——信守承诺

中国成语"一诺千金"是比喻一个人说过的话、答应别人的事情，就如同千金般贵重。承诺不难，难的是信守承诺。言而有信，言出必行，信守承诺是构建个人信誉度的关键所在。

信守承诺的行动要点包括：谨慎承诺和勇于行动。

1. 谨慎承诺

"轻诺必寡信"出自老子的《道德经》，谨慎作出承诺是指承诺前一定要三思而后行，要慎重考虑事情的各个方面，酌情考虑自己的现实情况，不盲目，不夸张。分析诺言的实质，经过思考，真正理解其伴随的责任和义务时才能答应。慎重地作出承诺，既是对他人的尊重，也是对自己的负责。

案例：妈妈和女儿一起学琴

在我的中国朋友和新加坡朋友家里发生了一件相似的事。这两家的女儿都在学钢琴，钢琴老师都是请到家里，每周一对一单独教学。这两个女孩子都希望妈妈能够和自己一起学钢琴，而不仅仅是陪着练。新加坡女儿的理由是希望能和妈妈一起学一样东西；中国女儿的理由是觉得妈妈和自己一起学可以壮个胆。

中国的孟妈妈为了给女儿打气，随口就答应了。坚持了一个月后，不太喜欢，也实在顾不过来，便常常爽约。开始她还找点理由，说工作忙或是身体不舒服，后来干脆连理由也不找就不学了。女儿倒是还在学，不过常常会说："妈妈说话一点儿都不算数！"

妈妈其实已经很努力了，觉得孩子真是不太懂事，"学琴是你自己的事情，把妈妈扯进去干吗？妈妈又要上班，又要忙家务给你做饭，你懂点事，行不？你什么时候把你妈累死，就高兴了。"其实，既然忙碌的工作和家务是生活常态，不是承诺和孩子一起学琴后才出现的新情况，为什么起初不多想想就那么轻易地答应呢？事到如今，孩子又看到了什么样的榜样呢？

新加坡张妈妈的做法就要谨慎和理智多了。张妈妈会和女儿讨论："你要让妈妈和你一起学东西，首先要选一样妈妈和你都喜欢并且想学的。你怎么不问问我喜欢不喜欢学钢琴啊？要是妈妈不想学琴，可以找其他我们都喜欢的一起学。勉强学，多不开心啊，你也不喜欢被勉强吧。"

女儿说："妈妈，那你想学钢琴吗？"

妈妈想一想，说："我可以试试。"

女儿喜出望外："太好了，那我们就一起开始学吧。"

妈妈："我只答应先试试。先和你一起学两个月，再决定之后要不要继续吧。还有，妈妈要和你一起学琴，还要安排一下工作和家务的事情。我要和大家商量一下，我们再一起开始。"

张妈妈把这个计划告诉了家里其他人，也告知了自己单位的上司，安排好在女儿学琴的每周四提前一小时下班。学琴当天会晚一个小时开饭，爸爸要帮助准备一些饭菜。两个月后，张妈妈彻底喜欢上了弹钢琴，到目前还在和女儿一起学琴，已经4年了。可以看出来，张妈妈在谨慎承诺之前，会首先细致地分析。她阐明了要尊重别人的喜好，界定了承诺的时限，并且安排好了工作和家务的平衡及履行承诺需要的支持。孩子在整个过程里得到的不仅仅是和妈妈一起学琴的乐趣，最重要的是了解了承诺的许下和履行需要谨言慎行。

实践指导

（1）谨慎承诺需要注重对小事的承诺。

一个人的信用往往在不起眼的小事中更能体现出来，信守承诺便是这样。不管承诺多小、多简单，也要认真对待。做一个信守承诺的人，就要注重生活的点滴细节，越是在小事上，越能体现人性的光芒。

（2）谨慎承诺需要在确认具体承诺内容前，澄清彼此期望。

公开双方的期望，详细讨论。在必要时进行协商，分享各自的顾虑、重点和偏好，确保双方充分理解彼此的期望。

（3）谨慎承诺需要认真讨论细节。

明确承诺涉及的范围、程度以及关键环节。过程中，适度的提问和耐心的倾听必不可少。模糊混淆的承诺，很容易引起令人遗憾的误解。

（4）谨慎承诺需要使用简单明了的语言。

避免使用生涩的词汇和含义模棱两可的描述。作出承诺后，还要确认对方的准确理解。

（5）在需要的情况下，谨慎承诺需要适当地重复。

通过反复强调，夯实双方印象，必要时跟进过程。

（6）谨慎承诺，需建立在诚实的基础上。

当无法作出承诺的时候，要坦言实情，表明良好愿望，同时澄清现实顾虑。

思考与练习

（1）今天尝试和身边人就一件小事作出谨慎承诺。

（2）情况怎么样？承诺兑现了吗？

（3）产生了什么影响？

2. 勇于行动

资料导读：如何从空有上进心，变为行动上的巨人？（摘选自合益集团微信平台）

为什么我们总是空有想法，却是行动上的矮子呢？拖延症、白日梦、忙……如何从一个空有上进心的人，变成行动上的巨人？想法我们有了，就要找到那些制约我们行动的源头。

（1）小心"目标太大，不知从哪开始"：虽然你有足够的上进心，但由于目标太大而无从下手，有时甚至不知道大目标具体是什么。就拿最盛行的梦想口号为例，"出任总经理，荣升 CEO"，怀揣着这样一个理想，该怎么做？你可能在办公桌上贴了许多励志小短语，或者下载了许多职场影视剧，又或是收藏了很多诸如"通往成功"的畅销书籍。最后，你依旧无从下手，毫无成长。因为你吸收的只有成功后的光辉景象，却缺少具体而现实的实践阶梯。

请清晰地描述你的想法！学会将大的愿景划分成一个个可以实现的详细目标，并且预估可能的障碍和需要付出的努力。空有大目标，不如没有目标，先把目标想清楚是第一步。

（2）小心"顾虑太多，借口横生"：当人们与目标产生"隔阂"时，每个人都会带着受害者的心态来考虑这件事对自己的影响，从而产生排斥心理。当有了一个不错的想法，却缺乏内心深处对它的认同感，你的脑海中便会产生许多无谓的困惑、畏惧和恐慌心理，从而放大并衍生出了一系列借口：工作忙，太辛苦，等一等，晚两天没事儿……

这可是必须打赢的仗啊！对某件事的利弊进行全面权衡非常重要，前提就是，你要认可自己的想法，并坚定信念，这样才能站在客观的角度，准确权衡利弊。而不是带入自己的情感，无谓放大你对失败的恐惧，或是敷衍了事的。

（3）能力配不上你的野心：你是否具备相应的能力，至关重要。理想很丰满，但是自己的能力却跟不上。

是时候转化行动计划了！有句话说"当你的能力配不上自己的野心时，就应该沉下心来好好学习了"。你要做的是不断细化自己的目标，做成阶梯状。然后对每一个阶梯都制定相应的行动计划，你的能力才会一点一滴地提升。千万不要抱着一蹴而就的侥幸心理。

（4）缺乏对应的激励：简单来说，就是实现目标后对自己的奖励，与你对目标的重视程度严重不匹配。

不妨给自己定一个"绩效合约"！我们每个人的内在都有不同程度的自我激励，使命感、成就欲、达成目标后的荣耀感等。当这些特质若隐若现或不够强烈的时候，你需要给自己一些强制性的外部激励与刺激。你可以为每一步的行动计划设置一定额度的小奖励，奖励可以叠加或几何增长。这种明文的规定，可比一张励志小贴条要有效得多。

谨慎承诺是良好的开始，而勇于行动才是信守承诺的关键所在。哈佛大学的泰勒·本·沙哈尔（Tal Ben-Shahar）教授曾谈到拖延症情有可原的一面："我们能控制的只有此时此地，以后的时间是无法保证的，所以拖延的感觉才这么好。拖延不是问题，是解决方法，是全世界共同的表达。"那么，如何克服拖延的阻碍，勇于行动？

实践指导

（1）首先，立即行动

这点最重要，很简单，容易实践且有效。拖延者的共同点：对行动的要求有所误解。全世界的拖延者都认为，要有所行动，首先必须受到激励，感受到共鸣，才能开始行动。然而，事实并非如此。起步的关键并不是改变态度，即先受到激励，然后再行动。恰恰相反，起步的关键在于，首先开始行动，行动会进而慢慢地影响我们的态度，因为通常行动开始后，我们会有惯性。

（2）尝试"5 分钟起步"

"5 分钟起步"，是指努力开始行动，就 5 分钟，坚持住，这 5 分钟往往会产生一个向上的螺旋。不是通过思想，不是通过心灵，而是通过行动。"5 分钟起步"可能是克服拖延最有用的技巧了。

（3）公布出去，告诉大家你的目标

公布了目标，等于破釜沉舟，周围相关的人们在看着我们的表现。有了正式或非正式的监督，我们不得不着手开干，是否喜欢已经变得没那么重要了。

（4）把目标写下来，化整为零，分阶段进行

把目标写下来，列一张行动步骤表。澄清了行动细节，成果也变得可以预见了。无形中，努力的动力更足了。

（5）顺应个人节奏，保持轻松愉悦

了解自身的生理需求、能量状况和能力范畴，适度调整节奏。如果违背自然规律，一味地蛮干强求，就会适得其反。我们会付出代价，效率降低，失去创造力与幸福感。

思考与练习

选择一件自己一直想做却还没有做的事情，应用勇于行动的实践指导。

三、关键行为 16——确立贡献

资料导读：追求快乐，并不是生命的全部内涵

快乐的生活和有意义的生活有什么区别呢？

快乐的生活通常意味着感觉良好。具体地说，那些感到快乐的人觉得生活是安逸的，他们身体健康，能够买到自己需要的东西。当囊中羞涩时，幸福感会下降，金钱对他们的快乐有着重大的影响。而快乐的生活又可被定义为少有压力和烦恼的生活。

追求有意义的生活通常是指用自身的才能和资源去服务一个超越自我的东西。例如，给其他人买礼物、照顾孩子、提出见解。那些生活更有意义的人往往有着更多的烦恼、更高的压力指数、更多的焦虑。例如，抚养孩子是一种有意义的生活体验，但也意味着自我牺牲。不过有趣的是，很少有人会为此后悔。

心理学家总结道："为了实现快乐的生活，个体需要'得到'更多；为了实现有意义的生活，个体'给予'更多。那些只追求快乐的人只有从其他人那里得到了好处，才会变得更开心。但是那些追求生命意义的人，会在给予他人后享受到更深刻、持久的喜悦。"

"生命的意义不仅超越自我，更会超越时空。"快乐只是一种存在于此时此刻的情感，最终它会像其他的情感一般消散殆尽，相应的积极影响和情感上的体验都是转瞬即逝的。但是，生命意义则会连接着过去、现在和将来，相应的积极影响和内在的喜悦是持久的。换句话说，注重当下的人会活得更快乐。与之对应的是，尽管那些更多地考虑过去和未来的人作出了更多的奋斗，当下享有的幸福感更低，可是他们却活得更有意义，体验到持久的内在喜悦。

值得思考的是，人生而为人，其独特的一生就是为了追寻生命的意义。我们不仅仅是在表现最基本的人性，我们也应该承认：追求快乐，并不是生命的全部内涵。

确立贡献，追求有意义的生活，我们的生活会因此更为殷实。冯友兰先生

在《中国现代哲学史》中指出，哲学和宗教的存在和发展，反映出个体拥有超越现世存在的需求。在我们肯于给予的同时，我们也将拥有更丰厚的、持久的内在喜悦。

确立贡献的行动要点包括：分析角色和每周计划。

1. 分析角色

"每个人都是自己生活的导演"，这是国内著名的视频网站土豆网的广告语。我们需要编导好自己剧本中的每一个重要角色，人生才会更加丰富多彩。用角色来解构我们的生活，其实已经融入我们的潜在意识中。不知不觉间，我们在介绍自己的时候，会提到自己生活中的角色，比如，我是谁的家长，或者我是谁的爱人；工作中也是一样的，比如我是某部门的经理，或者我是谁的同事。

角色代表了我们所看重的生活或工作的组成部分，比如我是丈夫，或者我是工程师；角色对应着相应的关系人或者我们愿意投身的领域，比如我是小李的经理，或者我是位跑友；角色意味着我们担负的责任，比如我要培养孩子成才，或者我需要交付客户满意的报告。

实践指导：分析角色三部曲

（1）澄清重要角色：发现和甄选个人工作和生活中的主要角色，数量上 5-7 个左右通常较为合适。若角色太多，则可以合并。确认角色后，还需要明确角色对应的关系人或者期望投身的领域。

例如，"角色——父亲"对应着关系人儿女，"角色——跑友"对应着跑步运动领域。

（2）构建角色宣言：采用规范文本描绘角色愿景，确保朗朗上口。描绘角色愿景的行动，可以借鉴"创建个人愿景"部分的实践指导；采用规范文本则可以借鉴如下格式，"作为……，通过……，作出……贡献。"

例如：作为领导力发展顾问，我希望通过培训和咨询服务，帮助成千上万的个体释放潜能，追求卓越。

（3）回顾和精制角色宣言：持续定期进行。例如，每年的年初或年底，年度中旬或者重大变化发生的时候。

案例：世界那么大，我想去看看。

在每年的 1 月 1 日，阿呆都会试着思考年度计划，有的时候想得清楚，有些时候也想不太明白。工作超过了 10 年，职位提升了，任务也加剧了。这几年，家里的事和孩子的事情占用了阿呆大量的时间和精力。阿呆经常和同伴感慨："时间过得太快了。一晃一年就过去了。"

前不久，了解到角色分析的方法，阿呆打算在今年作计划时试用一下。阿呆发现，作为父亲，投入陪伴孩子的时间是必需的，更是值得的。另外，他还可以想办法让事情变得更有意义，比如，在做游戏时，培养孩子的观察能力。作为经理呢，他也许应该为下一步岗位的提升作些准备，他应该多参与公司准备启动的新项目的讨论，也可以试着多投入精力支持其他部门的工作。……还有什么呢？阿呆喜欢旅游，作为旅游者呢？阿呆有点兴奋了。也许，除了与家人一起度假之外，趁着出差的机会，我要去几个地方看看！

阿呆越想越开心，望向窗外的夜空，憧憬着来年的美好……

联结实践：思考自己期望的工作和生活状态，练习个人角色分析。

2. 每周计划

吉杜·克里希那穆提（Jiddu Krishnamurti）是近代第一位用通俗的语言向西方全面深入阐述东方哲学智慧的印度哲学家。他的一生颇具传奇色彩，被印度的佛教徒肯定为"中观"与"禅"的导师，而印度教徒则承认他是彻悟的觉者。我曾阅读了一系列他的著作，感受犹如心灵沐浴。记得在一个寂静的夏夜，我在暖黄的灯光下阅读《爱的觉醒》，其中的一段文字深深触动到我："如果你看望父母、照顾父母，是出于责任，那等同于交易，没有多大意思；如果是出于爱，生活将从此不同。"

案例：我与妈妈

妈妈是一位教师。每逢节假日，总会有一些年过 50 的、她以前教过的学生来探望她。妈妈对生活有很高的期望，但很少向周围的人提出什么要求。也许和多年在学校的环境里教书有关，妈妈好像一直生活在象牙塔中。

通常每隔一段时间，我会在周末回家看望妈妈，需要先去超市买些东西，然后再陪老人待一会儿。如果已经有一段时间没回去了，我会提醒自己："最近的表现不太好。要注意了！"细想想，为什么要这么做呢？因为这是作为儿子自然应该做到的，是责任。

但是，再想想，那是谁？母亲，我最亲近不过的人了！想到这一层，联系到自身角色的感悟，我发现再去看望妈妈时，在开车路上和陪老人待着时，我的感受不同了。

我相信，给妈妈带来的贡献也不同了。

这正是在日常的生活情境中融入了角色，用角色思维来指导我们的实践所产生的神奇变化。在《高效能人士的七个习惯》中，柯维建议：一个星期就好像个体一生的微缩，个体需要坚持每周计划，融入角色，按自己的方式持续平衡工作与生活。每周角色计划是在个体持续成长过程中至关重要的个人管理实践。

实践指导：每周计划三部曲

（1）甄选本周需要关注的3-5个角色：注意至少计划1个私人生活的角色。

（2）确定与各个角色相对应的本周重要事务：注意每个角色的要务不要超过2件。

（3）将本周重要事务安排到一周时间表：注意留出适度的弹性调整空间。

联结实践：应用"确立贡献指南"，分析角色，并且计划下周的工作和生活。

关键行为汇总：

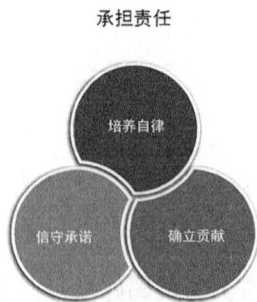

承担责任

培养自律

信守承诺　确立贡献

第三节 平衡适应

资料导读：在一个 VUCA 的世界里当领导（摘选自美国前陆军总参谋长乔治·凯西在弗拉格勒商学院发表的演讲）

VUCA 这个缩略词是美国陆军战争学院在 20 世纪 90 年代初发明的术语，用来形容苏联解体后世界的样子，指的是不稳定（volatile）、不确定（uncertain）、复杂（complex）和模糊（ambiguous）。事实上，无论是对军队还是企业，VUCA 从未像今天这样的重要。我分别在波斯尼亚（1996 年）、科索沃（2000年）、伊拉克（2004—2007 年）体验过 VUCA 的环境。我相信，我在这些环境里当领导的经验能让商业领导人获益。

不管什么样的领导，其首要职能是指出前进的道路。我知道，在 VUCA 的环境中，做到这一点不是一般的困难。领导者需要"看清拐角处"，即能看到别人看不到的、对未来有重要意义的事情。可是，环境的 VUCA 越严重，领导者本人掌握形势的难度也越大，更不要说指出明确的前进方向了……我在伊拉克是总司令，我第一个要回答的问题是："我们究竟想要达成什么？"我供职的机构级别越高，事务就越复杂，我就越难以清楚、简明地回答这个问题。我必须强迫自己保持头脑清楚，以便明确向我的下属说出我怎样看待问题和我想让他们做些什么。我发现，我说得越明确，即便不是百分之百的正确，我们执行的效果就越好。没有明确的聚焦，就没有共同的目的。没有共同的目的，就没有有效的执行。无论对战争还是商业，这都是要命的。

在战争中，敌人有表决权。我几乎对每个问题都要考虑多重的、相互矛盾的内部与外部变量，如果我作出了错误的选择，这些变量可能会带给我们不愿看到的后果。VUCA 环境会造成行动的延迟，可我必须加快行动，因为我的部队正在遭受攻击。多年来，我形成了一种进取性思维，即通过大胆行动，抓取机会，获得优势。这种思维定式使我不会被形势的复杂和模糊吓倒……在眼前要求的重压下，我们已经失衡了，无法给士兵足够的关心，或是为未来作好充分的准备。我认识到，当你失衡时，只能做一件事：恢复平衡。我指导了一项全陆军范围的艰巨工作让陆军找回平衡，终于在 4 年后让我们处于了一个完全不同的、改善了的状态……

领导者都是人，情智有限。要在一个 VUCA 的世界里取得成功，我们必须在能给我们的组织带来最高回报的领域里拓展情智。我们的首要事项必须是制定和阐述一个清晰的愿景，引领我们组织的行动。领导者想实现的目标越清晰，组织就会在今日全球商业的不稳定、不确定、复杂和模糊的环境中执行得更好。

在一个 VUCA 的世界里。我们该如何领导自我呢？

培养平衡适应的能力包括 3 个关键行为：面向窗外、精准聚焦和敏锐调节。

一、关键行为 17——面向窗外

案例：小米的故事《参与感》

翻开《参与感》，就是翻开一个崭新的商业时代。当小米开发产品时，数十万消费者热情地出谋划策；当小米新品上线时，几分钟内，数百万消费者涌入网站参与抢购，数亿销售额瞬间完成；当小米要推广产品时，上千万消费者兴奋地奔走相告；当小米产品售出后，几千万消费者又积极地参与到产品的口碑传播和每周更新完善之中……

这是中国商业史上前所未有的奇观。消费者和品牌从未如此相互贴近，互动从未如此广泛深入。通过互联网，消费者扮演着小米的产品经理、测试工程师、口碑推荐人、梦想赞助商等各种角色，他们热情饱满地参与到一个品牌发展的各个细节当中。小米现象的背后，是互联网时代人类信息组织结构的深层巨变，是小米公司对这一巨变的敏感觉察和精确把握。

在管理学经典著作《创新与企业家精神》中，彼得·德鲁克曾一针见血地指出，"要进行系统化的创新，企业需要在每隔 6 至 12 个就打开企业的天窗，看一看外面的世界。"我们相信，对于身处多变环境的个体而言，这一点同样适用。只是，周期会更短，分析要更频繁。从驱动自我到承担责任，个体期待能够有所作为、有所贡献。与此同时，对周围环境的变化保持敏感，观察、分析和归纳尽可能广泛的信息，有助于个体在个人的主观愿望和现实的客观基础之间保持平衡。在不断的调整过程中，心怀梦想，同时对客观规律心存敬畏。

实践指导：注意六扇窗

（1）注意第一扇窗：意外事件

没有哪一种来源能比意外的成功表现提供更多发展的机遇了。它所提供的机遇风险最小，调整的整个过程也最顺畅。

案例：强生婴儿爽身粉

1890 年，强生还是以供应抗菌纱布和医疗药膏为主业。有一次，公司收到一位医生的来信，抱怨病人用了某些医疗药膏后皮肤会感觉不适。公司的研究主管很快作出回应，寄出一包用在皮肤上可以让人舒服的意大利滑石粉，并且说服公司在某些产品里附上一小罐滑石粉，作为标准包装的一部分。公司惊奇地发现，顾客很快开始直接要求增购滑石粉。强生为适应这种需求，另外制造了一种叫做"强生婴儿爽身粉"的产品。时至今日，强生婴儿爽身粉已经成为世界各地家喻户晓的基本家庭用品。

意外的成功表现可以提供发展的机遇，意外的失败同样是非常重要的发展机遇来源。需要注意的是，这里的意外失败指的是那些经过周详计划并努力实践后依然遭遇的失败，并不是由于掉以轻心而导致的失败。通过分析失败的过程，往往会发现变化背后的原因，进而发现自我调整的机遇。例如，在执行咨询项目时，客户对咨询顾问教练能力的高度认可，有助于该咨询顾问进一步发挥个人特长，甚至可以尝试延伸相关领域的职业方向；而客户对咨询顾问"提问不足"的负面反馈，则有助于让顾问意识到，一味地宣讲和灌输管理理论对客户的帮助有限，尝试更多方式引导参与，包括引入网络互动技术，客户的学习效果会更好。

（2）注意第二扇窗：不协调的事件

不协调是指现状与"理应如此"之间的差异，或者表现为客观现实与个人主观想象之间的差异。这些不协调包括个体强烈情绪的出现，他人与平时不一样的反应，或者与平时不一样的压力状况。这些不协调现象是调整时机的征兆。

例如，在培训课程中，按照惯有的方式开场时，讲师感受到异常强大的压力。这有助于提醒讲师也许是开场措辞过于复杂，存在隐患；也许是演绎风格过于单一，需要营造轻松的氛围；也许是项目背景特殊，需要予以特别应对。

（3）注意第三扇窗：惯有方式的不适用

惯有方式的不适用是指以现行惯有方式处理问题时，出现不适用的现象，惯有方式存在薄弱或缺失的环节。这种需要是非常具体的，一旦发现，可以用"更新的或者更好的方法"进行调试。

例如，培训课程在播放视频前，通常会安排有必要的简介环节。在听到一个学员讲"如果不作简介，我们好奇地观看，也许效果会更好"后，讲师意识到需要区分不同视频的特点，注意不同学员的学习偏好，选择在部分视频前有简介会更好。这是一个难得的调整机遇。

（4）注意第四扇窗：个体认知上的变化

意料之外的成功和失败都可能意味着认知和观念的转变。认知的改变并不能改变现实，但是它能够改变个体审视问题的角度，进而指导个体不同的应对行为，引发不同的现实影响。

例如，目前，新生代学员具有明显不同的特点和学习偏好，活跃、喜欢参与。当一个培训师注意到这种有代表性的个体变化趋势时，讲课风格的调整机会就出现了。讲师会专门投入精力，尝试设计有效问题，调整提问方式，引导更多学员参与，包括增加课堂活动等多种灵活的授课行为。

（5）注意第五扇窗：外部环境相关因素的变化

利益关系人的构成会改变，客户的偏好和口味会改变，行业的政策环境和竞争环境也会变，再加上实用的新兴技术在不断推陈出新，可以说，唯一不变的就是一切都在变化了。对外界的变化始终保持敏感，可以帮助我们在调整的过程中把握先机。

关注到网络技术在培训领域的应用和趋势，可以启发培训师主动做出调整。例如，在课后的跟进环节，使用手机 APP 作为辅助工具。如今，许多企业内部的培训课程也在不断尝试各种在线学习组合方式的可行性。

（6）注意第六扇窗：新知识和新方法

新知识和新方法是突破原有状态的动力源泉，投入专门时间、有意识地获取更多的信息是面向窗外最常见、也是最可控的方式。新知识的获取能够激活个体大脑中存储的旧有知识，新旧知识碰撞之后就会形成新的理解。将新的理解进一步拓展延伸，结合现实的问题加以运用，同时调整不同的行动尝试，个体最终将收获切实可行的实践指导。个体学习的过程是一个获取信息、建立联系、拓展、应用、测试和纠错的过程。

联结实践：审视现有工作，应用"关注六扇窗分析表"发现潜在调整机会。

二、关键行为 18——精准聚焦

资料导读：乔布斯教会我如何"保持专注"（摘选自：网易科技报道 2014）

苹果公司的设计高级副总裁乔纳桑·艾维（Jonathan Ive）日前在旧金山举行的"名利场"新成就峰会上接受访谈时，谈到了从乔布斯身上学到的经验，他表示乔布斯是他一生中所遇到的最为专注的人。"这种专注并非来自你内心的渴望，比如'周一我需要更加专注'，"艾维说道，"而是在每一分钟都保持专注，比如当我们讨论某一话题时不停地追问我们讨论这一话题的原因。"艾维表示，乔布斯曾告诉他所谓的"专注"就是"敢于向那些好创意说不，因为它们可能会影响到当前你所做的工作"。尽管乔布斯常常被认为是一名非常严苛的经理，但艾维表示这其实是乔布斯"过于专注"所致，所以他并没有太多的时间来注意"行为礼节"。

艾维回忆称乔布斯曾在一次会议上对他团队的一项设计作品提出过严厉的批评，会后艾维询问乔布斯为何会如此严厉。"我们已经全身心投入到了这一工作之中。"艾维在当时这样对乔布斯说道，同时他还称自己比较关心自己的"团队"。但乔布斯的回答则要直接许多："不，你这样做是徒劳的，只不过是希望人们都喜欢你而已。"艾维表示乔布斯在当时的这一评论让他的心情变得"非常纠结",但也不得不承认乔布斯确实触及了他的神经。艾维在 1992 年加入苹果,随后深入参与了从 iMac 到 iPhone 6 Plus 等多款标志性产品的设计工作。他表示自己最终同意了乔布斯的看法,即相对于让所有人都高兴而言,出色完成自己的工作要更为重要。

精准聚焦的行动要点包括:灵活任务排序和聚焦行动微调。

1. 灵活任务排序

著名的 80/20 定律是关于按事情的重要程度排列优先次序的准则,由 19 世纪末 20 世纪初的意大利经济学家兼社会学家维弗利度·帕累托所提出,强调"在任何特定群体中,重要的因子通常只占少数,而不重要的因子则占多数,因此只要能控制具有重要性的少数因子即能控制全局"。简要概括,即 80% 的产出来自 20% 的投入。

排序是指遵循 80/20 法则,明确事物的不同优先权限,将注意力和资源聚焦在优先权处于前列的少数目标上,进而赢得更高的回报。灵活排序则是指面对多变的环境保持敏感,不断微调甚至重新排序。就像英文谚语所讲到的"Plan is nothing, planning is everything."意思是说一次计划算不了什么,不断地调整才是计划的关键所在。

实践指导

（1）列出工作任务

首先,要确认工作任务是什么。如果可能的话,最好把它们列在纸上或其他地方。只管列出就是了,不要一边列出一边排序。心理学的研究表明,如果那样的话,回避麻烦的潜在意识很容易影响个体将最难办的那件事情排列到最后。

（2）决定你的 20%

在应用 80/20 法则时,最困难的是决定需要关注的 20% 是什么。换句话说,在所有的候选任务中,哪些 20% 的投入可以决定 80% 的结果。应用时间管理矩阵,根据工作任务的不同重要程度和紧急程度,可以将各类活动划分成以下四种类型，如下图所示：

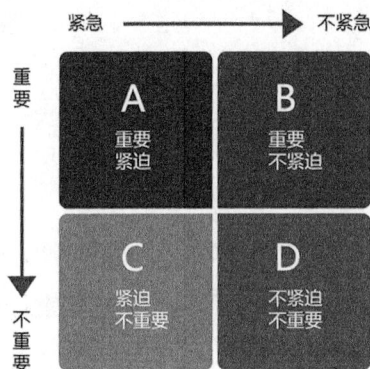

（3）对每种类型予以不同对待

对 A 类活动，你最好首先处理。

对 B 类活动，你最好特别关注，提醒自己尝试投入更多的资源。通常情况下，这些任务将会使你长期受益。

对 C 类活动，你最好不要投入过多精力，直接拒绝、转移给他人或者试着集中处理。

对 D 类活动，你最好能够清除。

关注关键的 20%（即 A 类和 B 类活动），确保优先处理。在当前情况下，A 类活动迫在眉睫，必须迎难而上。同时，要发起对 B 类活动的投入，当你能成功地处理好 B 类活动时，你未来的 A 类任务压力往往会减少。

（4）每周计划和每日调整

每周计划有助于你在适宜的时间跨度内，对各类事物进行统筹分析和优先排序，合理地调配注意力和资源。每日调整则有助于你保持灵活，针对日常的变化，在每周计划的指导下，采取现实的应对行动。建议准备一套适合自身的个人管理系统，例如个人的工作和生活计划手册，记录每周计划的内容和每日调整的灵活变化，有助于精制、提醒、回顾和备查。

联结实践：应用时间管理矩阵分析图表，分析下周工作中的各类活动。

2. 聚焦行动微调

聚焦行动微调是指在灵活任务排序的基础上，将优先任务落实到具体活动，衡量实施细节并且随时作出针对性的调整，从而确保将注意力和资源持续聚焦到关键行动上。

实践指导

（1）甄选关键行动

分析和甄选可影响并且能够预测结果的关键行动，是聚焦行动微调的关键所在。如果将预期的结果比喻成一块巨石，甄别关键行动就是设定撬动巨石的支点。甄选出的关键行动需要具备两个特性：一是"可影响"，即通过个体日常的努力能够做到；二是"能够预测结果"，即行动做到后能够推进预期结果的实现。

例如，将 5 周内体重减轻 5 公斤的目标比喻成一块巨石，那么每周减轻 1 公斤的努力，能够预测结果但相对难以每日影响；每日早睡早起的努力，具备容易每日影响的特点，但却不足以促进预期的瘦身结果；而每日定时运动和科学饮食的努力，则既具备能够每日影响的特点，又具备一旦做到就能带来预期变化的特点。所以，每日定时运动和科学饮食，就是符合标准的关键行动。

思考与练习

（1）在维持现有工作表现的基础上，我希望发起的一个改进目标是什么？

（2）列出潜在的关键行动。

（3）通过分析、比较可影响性和预测结果的特点，甄选出 1–3 个关键行动。

（2）建立记录系统

在聚焦行动微调的实践过程中，还需要设定明确的记录系统。对执行过程的细节进行记录，有助于我们明确已达成的收获和当前的问题，从而灵活地作出即时调整。个人记录系统的载体可以是纸质的，也可以是电子的。当下流行的、各种手机移动终端的个人管理应用软件（APPs）为我们提供了丰富的选择。设计个人记录系统时，如果能够融入之前探讨的创建个人愿景和分析角色的实践指导，则会对整体的个人自我管理起到良好的促进和支持作用。个人记录系统

个人记录系统举例

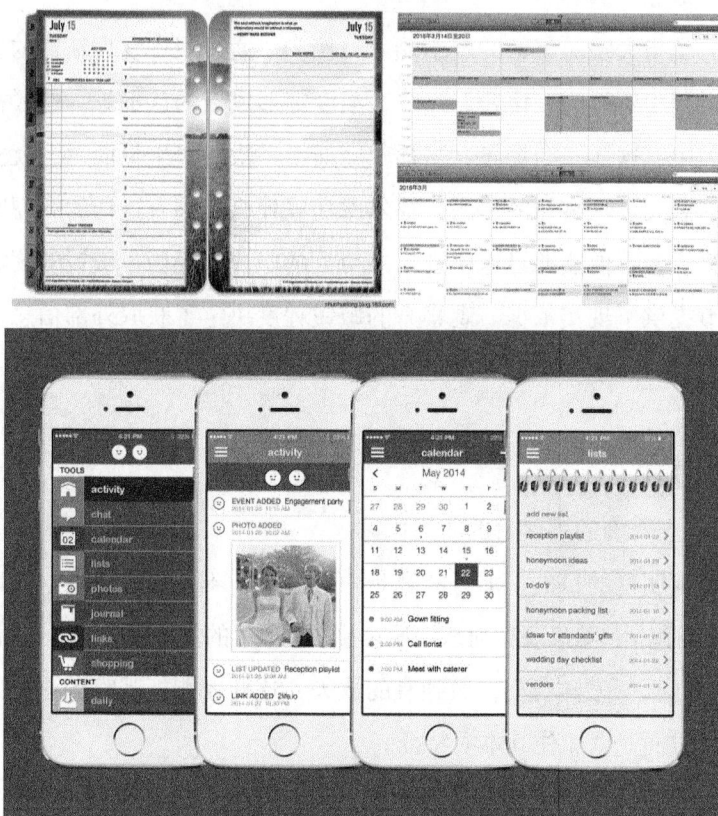

需要具备随身携带、一目了然、易于同步和便于存档备查的特点。

思考与练习

（1）汇总和分析我的个人记录系统。

（2）检索目前流行的个人管理 APP。

（3）设计并更新我的个人记录系统。

三. 关键行为 19——敏锐调节

面对现实 VUCA 的环境，快速反应，主动出击，还要保持平衡——乔治·凯西将军在战争中积累的经验，已经为我们指出了敏锐调节的关键所在。

敏锐调节的行动要点包括：敏锐观察和主动试错。

1. 敏锐观察

观察力是指大脑对事物的观察能力，例如，通过观察发现新奇的事物，或者在观察过程中对行为、声音、气味、温度等形成新的认识等。在《福尔摩斯探案全集》中有这样一个场景：当福尔摩斯第一次与华生见面时，就立刻辨别出华生是一名去过阿富汗的军医。福尔摩斯凭什么能够有这样的表现呢？正是敏锐的观察力使得他能够迅速辨别出一个人的职业和经历。敏锐的观察为灵活的自我调节提供了现实依据。观察力的敏锐程度决定了获取外部信息的质量和数量。

实践指导

（1）确立明确的观察目的

如果没有明确的目的，那只能算是一般感知，不能称作观察。明确观察目的，至少应当包括：明确观察对象、观察要求、观察的步骤和方法。进行观察时，要明确观察什么，怎样观察，做到有的放矢，这样才能把观察的注意力集中到事物的主要方面，以抓住其本质特征。

例如，你想要了解某位同事的工作风格，就需要在会议上、在他与你互动时或者与他人讨论问题等情境中观察该同事的言谈举止。

（2）提高观察的条理性

观察是一种复杂而细致的艺术，不是随随便便、漫无条理地进行就能奏效的。观察必须全面系统、有条不紊地进行。观察力的条理性可以保证输入的信息具有系统性、条理性，而这样的信息便于智力活动对它进行加工编码，从而提高活动的速度与正确性。一般来说，有以下几种方式可以借鉴：

● 按事物出现的时间说，可以由先到后进行观察。

● 按事物所处的空间说，可以由远及近或由近及远地进行观察。

● 按事物本身的结构说，可以由外到内，也可以由内到外，或者由上到下、由左到右，可以由局部到整体，也可以由整体到局部进行观察。

● 按事物外部特征说，可由大到小或者由小到大进行观察。

（3）透过现象，探寻本质

观察力是思维的触角，在把观察任务具体化的同时，要善于从现象乃至隐蔽的细节中探索事物的本质。运用基本的思维方法对事物进行有效的比较分类、分析、综合，找出它们之间的不同点和相同点，这样就易于把握事物的特点，提高我们对客体观察的迅速性、完整性、真实性和深刻性。例如，观察到客户多次若有若无的目光游离，这也许是提醒我们需要调整话题和交谈方式的潜在信号。

案例：把最胖的科学家扔下去

英国一家报纸举办一项高额奖金的有奖征答活动。题目是：在一个充气不足的热气球上载着三位关系人类兴亡的科学家，热气球即将坠毁，必须丢出一个人减轻载重。

三个人中，一位是环保专家，他的研究可拯救无数生命免遭因环境污染而身陷死亡的厄运；一位是原子专家，他有能力防止全球性的原子战争，使地球免遭毁灭；另一位是粮食专家，他能够使不毛之地长出谷物，让数以亿计的人们脱离饥饿。奖金丰厚，应答信件众说不一。

巨额奖金的得主却是一个小男孩，他的答案是：把最胖的科学家丢出去。

（4）增强获取信息的客观性

首先，小心"善使锤子的师傅眼里所有问题都像钉子"的误区。在观察过程中，不只是注意搜寻那些预期的事物，而且还要注意那些意外的情况。其次，确保对事物进行系统全面的观察。既能注意到事物比较明显的特征，又能觉察出事物比较隐蔽的特征；既能观察事物的全过程，又能掌握事物各个发展阶段的特点；既能综合地把握事物的整体，又能分别地考察事物的各个部分；既能发现事物相似之处，又能辨别它们之间的细微差别。最后，必须善于调整观察方法，灵活尝试多个不同角度。

资料导读：遵循感知的七条客观规律

（1）强度律：对于被感知的事物，必须达到一定的强度，才能感知得清晰。

一般人对电闪雷鸣是容易感知的，因为它的感知强度很高，而对于昆虫的活动，如对蚂蚁行走的声音就难以觉察。因此，在实践中，要适当地提高感知对象的强度，并要注意那些强度很弱的对象。

（2）差异律：这是针对感知对象与它的背景的差异而言的。观察对象与背景的差别越大，就被感知得越清晰；相反，对象与背景的差别越小，就被感知得越不清晰。例如万绿丛中一点红，这点红就很容易被感知。鹤立鸡群也是属于这类情形。但是在白幕上印白字，则几乎无法辨认。

（3）对比律：两个显著不同甚至互相对立的事物，就容易被清楚地感知。因此，在观察中要善于用对比的方法，把具有对比意义的材料放在一起，甚至还可以制造对比环境。例如观察的高矮对比，色彩对比。

（4）活动律：活动的物体比静止的物体容易感知。魔术师用一只手做明显的动作吸引观众的注意力，而另一只手却在耍手法以达到他的目的。所以，在观察中要善于利用活动规律，达到观察目的。

（5）组合律：心理学的研究告诉我们，空间上接近、时间上连续、形式上相同、颜色上一致的观察对象容易形成整体而为我们清晰地感知。因此，在实际观察中，要把零散的材料或事物，按空间接近、时间连续、形式相同或颜色一致的形式组合起来进行观察，从而找出各自的特点。例如在一堆乱物件中选大小相差不远、颜色相近的若干件，排列起来比较，就可看出彼此的差异。

（6）协同律：指在观察过程中有效地发动各种感知器官，分工合作，协同活动，这样可以提高观察的效果。也指同时运用强度、差异、对比等规律去观察对象。17 世纪捷克著名教育家夸美纽斯就曾要求人们尽可能地运用视、听、味、嗅、触等感官进行感知。我们学习要做到"五到"，就是眼到、耳到、口到、手到和心到，目的是要通过多种感知的渠道，提高观察的效力。

（7）养成持久的观察习惯：贝弗里奇说，"培养那种以积极的探究态度关注事物的习惯，有助于观察力的发展。在研究工作中养成良好的观察习惯比拥有大量的学术知识更重要，这种说法并不过分。"一个人有了持久的观察习惯，他能克服观察过程中所遇到的各种障碍和困难，把观察进行到底。而观察力就正是在这种"锲而不舍"的过程中得到锻炼和提高的。

思考与练习

（1）分析个人的观察习惯，长处是什么？短板是什么？

（2）应用敏感观察工具表进行实战演练。

（3）记录实践收获，制订敏感观察的行动计划。

2. 主动试错

在著名 IT 公司云集的美国硅谷，试验、渐进式、迭代创新往往受人追捧，人们并不提倡在项目之初就搞定一切。这里常见的口头禅是"行动，试验，改进"，快速而敏捷地决策胜过按部就班得来的共识。在硅谷，快速反应并且勇于承担风险的企业文化以及快速的产品研发流程至关重要。位于奥克兰旧金山湾东部的高乐氏公司的首席信息官拉尔夫·劳拉表示，"我们奉行的是，先迅速拿出一个初步方案，然后从中吸取经验教训，并在下一阶段完善它。"

资料导读：主动试错，翻转产业链（摘选自清华管理评论 孙黎 2016）

在学习模式上，被动错误学习是单环学习，主动试错则是双环学习，如下图所示：

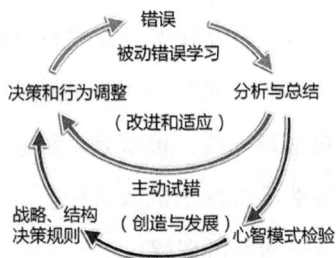

被动错误学习和主动试错学习模式

被动错误学习模式主要体现在图中的上半部分，即企业对已经发生的错误进行分析和总结，找到错误的原因之后对决策和行为进行调整，这一学习模式能够使企业对其产品或商业模式进行改进，从而适应外部环境的变化。主动试错不仅包括图中上半部分，同时还包含下半部分。由于主动试错提前设计了试验情境、设置了试验条件，而且其目的就是识别出产品创新或商业模式中存在的错误，因此对错误根源的挖掘更为深刻。

主动试错不仅能够找到错误产生的表面原因，而且能够更深入检验企业的心智模式、企业战略、结构和决策规则，从而升华这些决策规则，确定规则应用的边界条件，为战略、商业模式更大范围的调整建立决策基础。从这一意义上讲，在高度不确定与复杂环境中，主动试错更能促进企业在深层次上进行突破和创造。

面对现实 VUCA 的环境，借鉴企业运营的经验与理论研究，主动试错有助于个体突破现有表现。亨利·明茨伯格（Henry Mintzberg）在全球管理界享有盛誉，他是最具原创性的管理大师，经常提出打破传统及偶像迷信的独到见解。明茨伯格认为："战略既可以预先制定，也可以自然形成。行动推动思考，战略可以在行动中自然生成。究竟一种商业模式是事先计划的，还是基于发现驱动的？一项战略是计划形成的，还是自然生成的？在我们看来，采取绝对的二分法很难作出有力的解释。"保持面向窗外，精准聚焦，在敏锐调试的过程中平衡计划与行动的相互作用，正是平衡适应的精髓所在。

案例：六只蜜蜂和六只苍蝇的实验

把六只蜜蜂和六只苍蝇装进同一个玻璃瓶中，然后将瓶子平放，让瓶底朝着窗户。很快你就会看到，蜜蜂不停地想在瓶底上找到出口，一直到它们力竭倒毙或饿死；而苍蝇则会在不到两分钟内，穿过另一端的瓶颈逃之夭夭。

蜜蜂以为，囚室的出口必然在光线最明亮的地方。于是，它们不停地重复着这种合乎逻辑的行动。对蜜蜂来说，玻璃是一种超自然的神秘之物，它们在自然界中从没遇到过这种突然不可穿透的大气层，而它们的智力越高，对这种奇怪的障碍就越显得无法接受和不可理解。

而那些苍蝇则对事物的逻辑毫不在意，它们全然不顾亮光的吸引四下乱飞，结果误打误撞地碰上了好运气。这些头脑简单者总能在智者消亡的地方顺利得救。因此，苍蝇得以最终发现那个出口，并因此获得自由和新生。

实践指导

（1）确保节奏

配合自身生理和心理的状态，在兴奋时行动，体验涌流的状态。

（2）大胆假设

以面向窗外为基础，灵活排序，敏锐观察。像科学实验一样周密设计试错环境、条件，确定一些事前假设。

（3）小步快走

发挥主动选择，在过程中保持注意力，推进精准聚焦中甄选的关键行为。同时，依据记分系统，快速试错，快速复盘，快速迭代。

（4）庆祝成功

发挥自我驱动，保持乐观心态。关注解决方案而非问题责任，明确成功要素，营造高期望的努力氛围。当我们尝试改变时，如果一心一意地专注于解决方案上，则成功的机会更大。如果我们着眼于弱点，则只会局限自己。注重自身的优势，重视过程中的积极因素，有助于释放个体内在的潜力。

（5）只管去做

不断作出改变，建立自信，调整视角，勇于尝试下一个步骤。比起从未尝试过的遥不可及的方法和过程，我们对切实存在且分散独立的具体行动感到更自在。

资料导读：电商的试错思维（汇编自商业评论网 姜汝祥 2013）

为什么我们怕错？因为错误的成本太高了。在商场组织一次团购，要花多少时间精力？得有多少人来布展位，有多少人提供货物导购，有多少收银员结账？所有这一切都是成本，如果哪一环节做错了，都是巨大的损失。所以，不犯错，尽可能少出错，就成了传统时代的行动指南，"怕错""追求完美"成为 CEO 最基本的管理哲学。当我们总是把错误当成灾难，做公司最重要的一件事就是防止犯错。

但是，在互联网时代一切都变了。请问，在聚划算上组织一次团购有多少成本？完全失败了又有多少成本？互联网时代的成本结构变了，当大量行为都在网上进行的时候，物质成本几乎可以忽略不计，唯一的成本就是人的成本，员工的表现成为关键。而如何提高人的能力？向专家学习的时代过去了，在互联网时代，每个人都在创造知识。而在一个人人创造知识的年代，向客户学习，从行动中学习，才是主流。互联网让客户价值成为公司的唯一追求，制造不再是成本，如何让客户购买与使用才是成本，否则，随便你制造多少都没用。当客户价值成为唯一追求的时候，写小说不是成本，如何让消费者阅读才是成本，否则，任你写上三五年才写出一部小说，也没用。

那么，我们该如何应对呢？在互联网时代，掌握客户需求最好的方法，就是变成客户生活的一部分，而成为客户一部分最好的办法就是试错。试错的原理是：让购买的人来设计，让错误改变错误者，让行动提高行动力。什么叫让购买的人来设计？过去因为"怕错"，不错的最好办法，就是公司领导说了算，于是公司领导就代表了客户的标准。不怕错、愿意试错、通过错误改正错误者，强调让消费者参与到产品的设计与制造中来，这就是OZO模式的魅力，因为"商"主要在线上，线上的"O"试错的成本非常小，错误不是由老板改善的，而是由客户的批评改善的，客户就是老板。

传统企业做电商，最大的问题就是还用传统的思维方式，总想追求完美，想好再做。说白了，长时间在传统产业中，或多或少都患上了"完美强迫症"。在制造时代，大众化与标准化下的产品思维，就是要做到完美，不完美的产品是没有价值的。但在小众时代与个性化时代，什么叫完美？举个例子，一件衣服穿了不坏，但iphone手机用了2年左右就不好用了，不坏的衣服未必是好事，两年不好用，于是换手机，就未必是坏事。从人的角度，从服务的角度，而不是从产品的角度，"完美"就有了完全不同的解释。某个客户想买只有一只袖子的衣服，这个产品按大多数人的标准，肯定是不完美的，但对这个特殊要求的客户，确是超级完美的。最终我们会看到，最成功的互联网企业，是那些勇于试错、勇于不断改正的企业。

思考与练习

（1）在目前的工作中，我计划主动试错的一个具体行动是什么？

（2）这个行动产生了什么影响？我准备如何调整？

（3）我的潜在行动是什么？

关键行为汇总

平衡适应

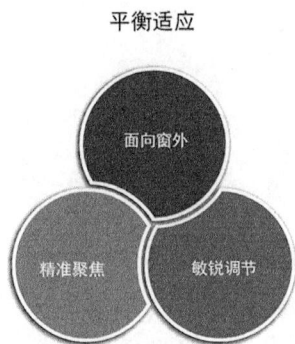

第四章

社交意识

　　情商素质维度——社交意识，强调在自我管理的基础上，觉察他人的情感、经验、思考和关切，换位思考，灵活调整自身，乐于助人，促进人际协作。需要培养的情商能力包括培养同理心、主动适应与和睦相处。

10 分钟自测问卷：社交意识有多高？

请从下面的问题中，选择一个和自己最切合的答案。

（1 从不 /2 几乎不 /3 一半时间 /4 大多数时间 /5 总是）

（1）我能够觉察他人情绪方面的蛛丝马迹。

（2）我善于倾听。

（3）我善于观察他人的肢体语言。

（4）我善于观察面部表情。

（5）我能够理解他人的想法。

（6）我对别人的情绪和观点保证敏感。

（7）我经常调整自己的言行以适应他人。

（8）我经常因为理解他人的需求和感受而伸出援手。

（9）我善于识别他人的能力和特长。

（10）我鼓励他人发挥自己的优势、技能和潜力。

（11）我为他人提供有价值的信息反馈。

（12）我能够发现他人的发展需求。

（13）我及时给他人提供指导。

（14）我通过分配有挑战性的任务来帮助他人成长。

（15）我能够为客户提供满意的产品和服务。

（16）我尝试多种方法让客户称心如意。

（17）我乐意为客户提供延伸性的配套服务。

（18）我能够把握客户心理，提供令人信赖的建议和忠告。

（19）我尊重来自不同生活背景的人。

（20）我理解不同的世界观。

（21）我能够察觉不同群体间存在的差异。

（22）我把多样性看成机会。

（23）我善于引导畅所欲言的讨论会议。

（24）我善于营造不同人群成功和发展的环境。

（25）我敢于挑战偏见。

（26）我能够准确识别具有影响作用的人际关系。

（27）我看得出重要的社会关系网络。

（28）我能够准确判断组织内外事态的发展变化。

（29）我对周围变化的蛛丝马迹保持敏感。

（30）我对组织氛围的变化保持敏感。

（答案12345，从左至右分数分别为：1分、2分、3分、4分、5分）

总计得分：＿＿＿＿＿。

思考与练习

（1）我的3项优势是什么？

（2）我的3项短板是什么？

（3）我的潜在行动是什么？

资料导读：大数据正在削弱人们的同理心（摘选自 英国《卫报》）

我们的确不清楚斯大林是否真的说过："一个人的死亡是悲剧，数百万人的死亡仅仅是个统计数据而已。"但这话似乎是正确的。苏联独裁者剥夺人们的生命，其数量大得惊人，简直令人难以置信。然而"难以置信"只是我们形容数字巨大时所采用的文字描述而已，实际上，人们并不知道如何处理一些与己无关的庞大数字，其结果令人惊讶。

1992年一项研究试图了解人们如何为没有市场价格的事物估价（比如环境或者生命本身）。这类研究要求人们为非石油覆盖区的海鸟或者某一观点等东西定价。1992年的研究是这样的：分别询问受试者愿意花多少钱来拯救2000、20000、200000只石油覆盖区的海鸟，以此来测试灾难规模如何影响人们的感知成本。最后的结论是：灾难的规模对感知成本影响不大。人们愿意花80美元拯救2000只海鸟，花78美元拯救20000只海鸟，花88美元拯救20万只海鸟。

这种现象常常被人们忽视。我们似乎不能有效地处理越来越多的数据：正如石油覆盖区的海鸟实验一样，现实生活中上百万人的死亡不过是个统计数字而已，而不是一个个具体的人。这项研究给我们诸多启示。行为经济学已经证明：我们依靠偶获的灵感、直觉和猜测选择人生的道路。一旦这些灵感被庞大的数字所遮蔽，这便成了一个无法处理的巨大问题。因此，这充分表明巨大的数字有违人性。慈善机构就非常善于利用这一点，他们深知要获得灾难援助和定期捐款，单个受害者的形象往往比事实和统计数据更具说服力。数字规模越大，人们的同理心越弱，两者之间的差距影响深远，而且相比斯大林的格言和海鸟实验，其作用方式也更微妙更普遍。

同理心是发展社交意识的基础要素。培养同理心是当今生活中的热门话题，日益引发人们的关注。同理心可以激发人与人之间的联结，使交际双方能够体会彼此的感受，为建立高质量的互动关系打开通道。我们不仅进行语言上的交流，还有更深层次的心灵交流。当我们达到共融状态时，相互反馈的回路逐步形成，相互理解由此不断构建。

德国的犹太哲学家马丁布伯（Martin Buber）将人的情感关系分为"我和它"模式以及"我和你"模式。在"我和它"模式中，一方并没有对他人产生真正的适应，也没有对他人产生真正的同理心，仅仅把他人作为达到目的的某种工具。这种敷衍非常容易被对方发觉。"我和你"模式则表示为两个人内心世界的契合，维持我们之间的良好关系就是目的。在日常人际交往中，从普通的尊敬和礼貌，到热爱和钦佩，再到任何我们表达爱的方式，都属于"我和你"的关系。当代神经科学的研究揭示：在人的神经系统当中，大路神经系统把握显性信息，控制理性和认知，让人对世界和他人进行粗放的反应，"它"是由大路神经系统引发的。小路神经系统捕捉大量隐性信息，主管情感和直觉，"你"则由小路神经引发。

培养同理心的目的在于培养理解、关怀和包容的个体特质，在自我领导的基础上，建立"我和你"的关系，为促进持续有效的社交协作奠定坚实的基础。

第一节　培养同理心

同理心（Empathy）是指联结彼此的内心世界，相互感知、交流和理解。发挥同理心体现为在人际交往过程中能够体会他人的感受和情绪，理解他人的想法和立场，并站在他人的角度思考和处理问题。现代心理学的研究认为，同理心有三层意思：注意别人的感受；感受别人的感受；针对别人的需求提供支持。这三层意思描述了三个阶段：首先我看到你，接着我体会你的感受，然后我采取行动帮助你。

培养同理心的能力首先需要突破 3 个常见的误区：

（1）情感迟钝：不了解自己的内在感受和情绪。

加州大学伯克利分校的进行的一项研究表明：要想了解别人的情感特征，关键是先要非常熟悉自己的情感变化特点。忽视了对自我情绪世界的解读，也就缺失了理解他人情感世界的基础。

联结实践：今天到目前为止，我经历了哪些情绪变化？

（2）听而不闻：情感方面的敏感度较低，关闭了社交雷达。

这样的个体经常误解别人的情绪，或者对别人的情绪作出了机械式的、不合时宜的反应，或者对他人漠不关心，结果在社交方面遇到难题。

联结实践：今天到目前为止，我接触了哪些人？他们都有什么情绪特点？

（3）千篇一律：忽视不同个体的独特性，总是以相同的方式回应别人。

记得小时候父母经常告诫我们，要真诚待人，要坦诚直言，而左右逢源、八面玲珑多少有些逢场作戏的味道，"变色龙"的行为并不是值得称赞的。其实，个体的真实坦诚与多样化的人际互动行为并不矛盾。真诚当然是根本，不过直来直去仅仅能应对足够简单的人际互动。面对日益多样化的个体特性和复杂的人际互动情景，过于简单直接无异于唐突莽撞。值得强调的是，现代心理学的研究指出，能够结合他人的特点调整自身的互动行为，是一种服务精神的体现。

思考与练习

（1）在工作中，我经常和哪些人接触？写下他们的姓名。

（2）通常，他们的情绪状态有什么特点？

（3）我对待他们的方式有什么不同吗？

培养同理心的能力包括 3 个关键行为：观察身体交流、感知内在情绪和领悟潜在需求。

一、关键行为 20——观察身体交流

人们很少用语言表达自己内心的感受，但会通过声调、面部表情和肢体动作等非语言的方式体现出来。精神分析学派的创始人西格蒙德·弗洛伊德（Sigmund Freud）曾说："人藏不住任何秘密。如果人们的双唇紧闭，人们的指尖就会代替热烈的交谈向他人传达信息，泄露秘密的力量从任何渠道都能找到自己的出路。"身体交流（又称肢体语言）是指通过头、眼、颈、手、肘、臂、身、胯、足等人体部位的协调活动来传达人的思想和感受，形象地表情达意的一种沟通方式。谈到由肢体表达情绪时，我们自然会想到很多惯用动作的含义，诸如鼓掌表示兴奋，顿足代表生气，搓手表示焦虑，垂头代表沮丧，摊手表示无奈，捶胸代表痛苦。当对方以这些肢体活动表达情绪时，我们也可借此辨识出对方当时的心境。因为肢体语言通常是一个人下意识的举动，所以它很少具有欺骗性。

我们的身体会反映出我们的内在感受，反过来也一样，我们的肢体动作也会影响我们的内心体验。试试下面的动作，简单地测试一下自己："咬紧下嘴唇，皱起眉毛，紧盯着前面的某个点；保持以上姿势 10 秒钟。"如果你确实完成了以上动作，就会迅速感觉到自己开始变得生气。为什么呢？因为刚才的动作正是当你感觉愤怒时，脸部肌肉会自然而然作出的反应。情感并不只是发生在

大脑中，也发生在整个身体之内。通过激活相应的肌肉动作，你实际上已经告诉你的神经系统自己在发怒。我们的身体反应和内在感受紧密相连，这一点毋庸置疑。

观察身体交流的行动要点包括学习肢体语言、用心体会和识破谎言。

1. 学习肢体语言

肢体语言的表现在不同的国家、不同的文化背景下，会有不同的特点。然而，研究表明在不同个体的行为表现中，还是存在一些共性的肢体语言特征。理解这些行为的特点，有助于我们在社交过程中进一步理解他人。

实践指导

（1）肢体语言知识汇总

了解下列常见肢体语言以及对应的个体情绪感受。

个体情绪感受	常见肢体语言
不同意，厌恶，发怒，不欣赏，蔑视，鄙夷	眯着眼
发脾气，受挫，不安	来回走动
紧张，不安或害怕	扭绞双手
注意或感兴趣	向前倾
无聊或轻松一下	懒散地坐在椅中
自信，果断	抬头挺胸
不安，厌烦，提高警觉	坐在椅子边上
不安，厌烦，紧张或者是提高警觉	坐不安稳
友善，诚恳，外向，有安全感，自信，笃定，期待	正视对方
冷漠，逃避，漠视，没有安全感，消极，恐惧或紧张等	避免目光接触
同意或者表示明白了，听懂了	点头
不同意，震惊或不相信	摇头
愤怒或富攻击性	晃动拳头
赞成或高兴，兴奋	鼓掌
厌烦，无聊	打呵欠
好运	手指交叉
鼓励，恭喜或安慰	轻拍肩背
困惑或急躁	搔头
同意或满意，肯定，默许	笑
紧张，害怕或焦虑，忍耐	咬嘴唇
紧张，困惑，忐忑	抖脚
漠视，不欣赏，旁观心态	抱臂
不相信或惊讶，蔑视，意外	眉毛上扬

（2）常见的肢体语言解读

● 注意身体站姿

如果双腿伸直，把手插在裤子口袋里，这样的姿势代表了一种自信。男人们常常用这个姿势表现自己的男子气概。比如著名的葡萄牙足球明星 C 罗在罚任意球前的招牌站立身姿。

如果双腿平行摆放，表明他对你采取中立的态度；如果双腿夹紧，那就要么意味着他想去卫生间，要么意味着他在你面前有点自卑；如果站立时一条腿轻轻弯曲并把脚指向另一边，这种经典的"牛仔姿势"表明对方已经开小差，没有在专心听你说话了。

● 注意瞳孔变化

观察瞳孔的收缩变化。当有什么事物让我们感兴趣时，瞳孔会放大。当然瞳孔的变化还受其他因素比如光线明暗的影响。

联结实践——观察瞳孔练习：试着与某个人谈论一件相当无趣的事情，比如办公室里的复印机坏了，并注意对方此时的瞳孔大小。对方此时的瞳孔是纯粹受自然光线影响的。之后，转换话题，开始谈论你所知的对方最感兴趣的事物，比如她的孩子或者她的家庭。注意对方瞳孔此时发生的变化，你一定会觉得这就像在观察照相机镜头打开一样神奇。

案例：情人眼里出西施的道理

在一个著名的实验中，实验者向一些男人展示了一位美女的两张脸部照片，两张照片几乎一样，唯一不同的是其中一张照片把女人的瞳孔放大了。如果你事先不知道，很难察觉出这一细微差别。

男人们看了这两张照片之后，会被询问更喜欢哪一张。结果，瞳孔放大的那张照片始终成为他们的首选。尽管实验并不能解释男人们为什么这么想，因为他们几乎说不出两张照片有什么区别，但至少在无意识中，瞳孔放大的女人似乎显得对看照片的男人更有兴趣，因而这张照片在男人的眼里也就变得更有吸引力了。

● 注意眼睛的活动

每个人都有自己的主导感官记忆类型，分别为视觉感官、听觉感官、动觉感观和中立型（内在推理）。不同主导感官记忆类型的个体具有各不相同的沟通特点。例如，在市场活动结束后，分别问他们："市场活动怎么样？"听觉感官的人也许会说，非常棒，只是演讲的声音有点小；视觉感官的人也许会说，新产品的展示非常现代、时尚和精致；动觉感官的人也许会说，热烈的氛围令人印象深刻；中立型的人也许会喃喃自语，我也一直在问自己这个问题。了解与你交流的人主要依靠哪一种感官，有助于你掌握与之谈话的相应内容。

眼睛向左上方看，表示人们正在记忆图像，而向右上方看，则表示人们正在脑海中创建新的图像；眼睛往两边平视，意味着调动听觉记忆，朝左看就是在回忆一些声音，朝右看就是在创造新的想法；眼睛朝右下方看，意味着调动了身体感觉和情感，往左下方看，意味着对方是内在的推理者。

● 注意其他常见细微动作

扬起眉毛：看到喜欢的人，你我都会不自觉地扬眉或低眉。当然，如果对方对你也有好感，他会有相同的表现。要观察到这个动作并不那么容易，因为它从出现到结束只有短短的五分之一秒，因此这种下意识的"眉目传情"往往被人忽略。

嘴唇微启：如果一个人喜欢你，他在面对你时，唇部会有瞬间的机械性的开启。这个动作同样非常细微，不容易看到，但是，如果你是一个很细心的人，观察到这个变化也并不是不可能。

整理仪表：男士在对方面前修正领带，说明希望能够吸引注意，有时也会在意头发是否整洁光亮、夹克的翻领是否到位等细节问题。女人为在心仪男士面前保持形象，会不时把滑落的头发理顺，或是用手把它理向脸的一边。

抚摸脸颊：如果某人对你感兴趣，他会不时地摸下巴、耳朵和面颊。这是自体性行为和紧张相结合的产物，表明他在试图掩饰内心的慌乱。当我们喜欢一个人时，唇部和脸的下半部就会变得对刺激物特别敏感。如果你在吸烟，此时吸烟的速度就会加快，如果是在喝东西，你就会不由自主地更大口地往嘴里灌。

值得强调的是，肢体语言这个术语也许未必贴切，因为语言这个词听起来好像是可以学习的单词列表。就像上述的内容，尝试教会我们了解不同肢体语言的名字以及名称背后的含义。但是，"双臂交叉抱在胸前"一定意味着要保持距离或者有所怀疑吗？不一定！一方面这种说法忽略了我们的身体能做出更为丰富多元的表达，另一方面它似乎要让你相信肢体语言是独立于其他事物而存在的。例如，你一定曾经因为某种原因"双臂交叉抱在胸前"也许是因为天气太冷，或者是有点累了，也许只是因为衣服有点不舒服。尝试准确解读个体肢体动作的内在含义，还需要寻找更多有迹可循的身体信号，综合考虑所有姿势的含义。比如，他的身体还有其他姿势吗？他的面部表情怎么样？会不会是房间太冷了？等等。准确地讲，肢体语言远远不能代表我们的研究对象的身体交流，即能够表达个体所思所想的、更富于变化的多种身体信号。

思考与练习

（1）观看脱口秀或者辩论等电视节目，分析表演者的肢体语言。（60分钟）

（2）在餐厅或者地铁里，观察周围人们肢体语言的细微动作。（30分钟）

（3）对着镜子，练习你希望运用的肢体语言。（15分钟）

2. 用心体会

同理心在人类的进化过程中不断累积，逐步形成，存在于人的本能中。发展心理学家的研究发现，婴儿还未完全明了人我之分时，便能同情别人的痛苦。几个月大的婴儿看到其他孩子啼哭也会跟着哭，仿佛感同身受。发挥同理心强调随心而动、随感而发，有时候甚至需要突破理性思考的羁绊。

资料导读：人性到底是本善还是本恶（摘选自《影响你一生的社交商》）

对于人性到底是本善还是本恶这个问题的争论由来已久。本善论者认为人们天生就是富有同情心的，只不过有时候会有些丑陋的表现而已。反对这一观点的例子很多，支持它的科学理论却很少。让我们尝试一下下面的思维实验吧。想象一下今天在世界上有可能做出反社会行为（比如强奸、谋杀或者欺骗等）的人的数量，然后把这个数字作为分母，分子则是今天实际做出这些行为的人的总和，实际上这种潜在罪恶和实际罪恶之间的比例每天都接近于 0。如果分子是某一天慈善行为的总和，而分母是当天罪恶行为的总和，那么这种善举与罪恶的比例则总是大于 1。

哈佛大学的杰罗姆卡根作这个实验是为了说明人性本善：人们的善良要远远超过卑鄙。"尽管人类有愤怒、嫉妒、自私、粗暴、好斗或者暴力的天性，"卡根说，"但是他们仁慈、悲悯、合作、爱和教养的天性更为强烈，特别是对那些需要帮助的人。"他还补充说，这种内在的伦理观是"人类这个物种的生物特征之一"。

神经学理论中关于同理心可以引发同情的发现，无疑为哲学中利他本能的普遍性提供了科学支持。这样，哲学家们就不必再去费力解释大公无私的行为，而是要转而考虑为什么还会有自私自利行为的存在了。

实践指导

（1）关注"我和你"

当你带着最初的设想，按照预先的安排和对方侃侃而谈的时候，在我们和对方之间始终存在着讨论的话题和待办的事物，或者是相互间有分享价值的思考。不经意间，很可能谈话会逐步演绎成就事论事的探讨，或者对某个专业话题的热议。这时，交谈的双方很容易转化为仅仅是对方解决问题的有益因素而已，我们往往还会为此沾沾自喜，岂不知讨论双方的关系已经变成了上文中提到的"我和它"，我们遗憾地错失了"我和你"的美妙体验和良好关系。

在马丁·布伯的《我与你》中，通过探讨"我和你"关系的特性，分析了"直接性""相互性""之间""相遇"等概念，为我们描绘了一个本源性的关系世界。"直接性"是指没有中介，"相互性"是指不要漠视自身之外的，"之间"的最好体现是"言谈"（conversation）。"言谈"使你与我既保持各自特点，又能联系在一起，这中间始终存在着一种张力。我与你虽然结合在一起，但是不会变成一个事物。关注"我和你"，有助于我们在互动过程中保持专注，专注于朴素的"相遇"过程。

联结实践：回想自己最近一次"我和你"的体验，什么情况？具体有什么感受？

（2）运用直觉

直觉是意识的本能反应，不是思考的结果，比以语言要素、逻辑关系构建的理性反应系统要更加快速和灵动。例如，蜜蜂能以最快速的方式精准地建造坚固的六角巢穴，一定不是物理计算的结果。只是，在现代生活中能够引起个体意识源反应的机会通常并不多。也许人类在语言意识未建立前，依靠的就是这种意识的本能反应，而在今天，这种本能逐渐退化了。

案例：哈佛大学的人脸识别实验

哈佛大学的研究者希望通过人脸识别实验，测试个体识别不同面容表情的能力。研究者将有代表性的、反映个体不同情感的面容加以汇总，制作成图片，并编辑成考试问卷。然后，邀请大学生们参加人脸识别测验，以书面问卷选择题的形式作答。要求在观看每题的表情图片后，标注出图片所对应的、正确的个体情感。测试后发现，学生的平均正确率在 50% 左右。

接下来，研究者调整了测试方式。在将这些表情图片输入电脑后，研究者安排大学生坐在屏幕前，在展示每幅图片时，仅以三分之一秒的速度快速闪现，然后请参加测试者标注出正确的情绪选项，结果发现，学生的平均正确率接近80%。

为什么会出现这种情况呢？原来，在三分之一秒快速闪现的情况下，学生们无法仔细观察图片细节，难以进行深入分析，只能在更大程度上依据直觉作出判断。就像计算机无论如何也无法替代人脑一样，运用直觉，建立心与心的本能联系，能够帮助我们"以最直接的方式精准地"捕捉身体交流过程中灵动而微弱的信号。

与分析思维相比较，直觉思维具有以下六个方面的特征：

- 直接性：不是通过一步步的分析过程，而是直接获得对事物的整体认识。
- 快速性：认识产生得很迅速，对形成过程无法作出逻辑的解释。
- 跳跃性：不受常规的束缚，经常出现急速飞跃和渐进性的中断。
- 个体性：直觉的个体特征与个体的知识、经验、思维和品质相关。
- 坚信感：直觉有别于冲动性行为，保持冷静中，个体对直觉结果的正确性具有本能的信念。

● 或然性：有可能正确，也可能错误。（因此，在凭借直觉最终决策时，理性思维可以起到必要的平衡作用。）

思考与练习

（1）我准备在本周和谁闲聊一次？什么时间？

（2）对方分享了什么感受、经验和想法？

（3）我的直觉体验是什么？

3. 识破谎言

如果说谎言代表着没有准确地反映现实，那么，我们大多数人随时都在撒谎。有时是故意的，为了得到某种好处或者避免某种惩罚；有时是无意的，自己也没真正搞清楚在说些什么；有时是狡诈的，希望自圆其说；有时是真诚的，天衣无缝的撒谎者会让自己相信说出的谎言是真实的。

发挥同理心，需要建立在开放透明的基础上，识破谎言可以帮助我们吹散通向理解路途中的迷雾。说谎者流露出的无意识的、自相矛盾的信号叫破绽。确保这些自相矛盾的信号来自人们的行为所发生的变化，而不是他们的惯常方式，我们也就找到了识破谎言的线索。

实践指导：识别肢体语言中的矛盾信号

（1）面容

当对方用另一种表情来掩盖本来的表情时，一般表现在脸的下半部分，这就使得眼睛周围、眉毛和前额仍然会无意识地暴露出自己的真实情感。比如，当遇到不喜欢但又不好回绝的事情时，我们会努力挤出笑容，但鼻子却不由自主地皱起来。假笑常常很快就能堆出来，真笑时需要花更多的时间展现出完整的笑容，而且假笑一般持续得比真笑长。

（2）眼睛

"变幻莫测的眼神、频繁地眨眼、不敢对视，都被认为是说谎的信号。"

以上理解并非不对，只是由于每个人都知道，并且可以调整，所以很可能被利用，说谎者会在说话的时候故意直视你的眼睛。

英国动物学家戴斯蒙德·莫里斯研究过人类的行为，他在观察警察审讯的过程中发现，当人在说谎或者努力克制某种情感的时候，在眨眼睛时眼睛闭上的时间会比在说真话时更长。这有可能是说谎者无意识中想把世界关在外面。

如果一个以视觉为主导感官的人告诉你他做过或经历过的事情，但是他的眼珠突然向右上方转动，而不是像 EAC 模型中所说的那样往左上方转动，那就意味着他可能在创建某种想象。但是，如果说谎者事先已精心准备，此时谎言已经变成了一种记忆，眼珠的运动就不会有什么不同了。

（3）手

创建新的想法是一个命令式的内在过程。当我们需要全神贯注来创建想法时，外在的表达就会减弱。由于手势是非常与众不同的表达，所以此时人们总是不打任何手势。

（4）姿势

有些行为可以帮助个体放松下来，那就是姿势泄露。这类动作清晰地表明说话者的内心存在冲突或压力。姿势泄露是非常细微、重复进行的、毫无意义的动作。例如，不断地把圆珠笔按得嘀嗒作响、敲手指头、把纸撕成碎片等。

（5）声音

因为觉得说谎行为有罪，声音就会发生和愤怒时一样的变化，即说得更快、更大声，声调更高；因为对说谎行为感到羞愧，声音就会发生和悲伤时一样的变化，即声音更低、语速更慢、语气更平缓。如果这些变化没有原因突然发生，就可以考虑对方是不是在说谎。个体说话方式不自然的改变，还包括停顿更长或更短，比平时回答问题时速度更快，因为害怕言多语失而使用非常短的句子等。

（6）语言

● 说谎者常常在讲话的时候离题，而且莫名其妙地把事情复杂化。

● 说谎者常常用一些空洞的话语来保护自己，比如频繁地使用抽象概念或者不合逻辑的推论。谎言经常都很空泛，没有具体细节。

● 再说一遍时，说谎者几乎会把以前讲过的话一模一样的重复出来，而且很少勾画细节。

● 说谎者倾向于使用否定句。他会一反常态地描述某种事物"不是什么"而不是"是什么"。一个很好的例子就是尼克松有名的陈述："我不是一个骗子。"而在一般情况下，人们会说"我是一个诚实的人"。

● 说谎者往往会尽可能避免使用"我"或者"我的"之类的词语，这是他们保护自己的一种手段。同样的道理，说谎者也倾向于使用"总是、从不、每个人、没有人"之类的泛称，以避免对某个人或事物作精确的描述。比如，"你放心，这儿从来不会发生那种事。"

● 让自己与谎言拉开距离的另一个办法，就是用过去时而不是现在时来诉说谎言。比如，当你问"你在做什么？"说谎者会这样回答："我刚才什么也没做。"而不是"我没有做什么。"

● 因为意识到自己在行骗，所以说谎者常常运用有保留的说法。先肯定对方可能产生的怀疑，但同时又解释了这种怀疑是不必要的。比如，"听着，我知道你不会信，但是……"，或者"我知道这听起来有些奇怪，但是……"，又或者"我告诉你，这简直不是真的！事情是这样的……"

● 说谎者常常会运用比平时更为复杂的语言，恪守语法和发音规则，而不是平时最喜欢说的口头语。比如，如果我们假装在意其实并不便宜的东西，我们不会简单地说："不，那并不好"，而会这么说："我觉得那既不恰当也不合适。"

● 说谎者经常会拉长句子，因为他需要时间来形成谎言。

值得注意的是，上述信号不会告诉你对方是在说谎还是在压抑某种情感，需要根据当时的情景来谨慎判断。如果你清楚地发现了不对劲的地方，请不要对他说："啊！你在说谎。"相反，你可以说："我觉得你还有其他的事情没有告诉我。"或者，"你能再清楚地说一遍吗？也许你可以用不同的方式解释一下。"

思考与练习

（1）计划一次分享，将上述内容与好朋友一起讨论。

（2）组织一次杀人游戏，实战练习。

（3）我的三点主要收获是什么？

二、关键行为 21——感知内在情绪

在之前的领舞情绪部分我们谈到，情绪与思考在我们的头脑中平行流淌。实际上我们有两种心理，一种是理性心理，用来思考；一种是情绪心理，用来感觉。这两种完全不同的认知方式相互作用，共同构建了我们的心理生活。培养领舞情绪的能力可以帮助我们认识、疏导和调整自身的情绪。培养感知内在情绪的能力，则是帮助我们在领舞情绪的基础上认识和理解他人的情绪。

在工作中感知他人的内在情绪，首先需要小心 3 个常见的职场误区：

（1）发挥同理心、感知对方内在情绪有可能会使个体忽视专业标准、职业要求和现存问题。比如，律师在进行法庭辩论时，需要对另一方的痛苦刻意视而不见；测评顾问在作专业的个人评价时，需要忽视被测个体的情绪波动，严格遵循测评流程。

（2）发挥同理心，感知员工内在感受有可能会影响管理者的权威。通常人们会认为，下级对上级情绪要敏于察言观色，相反，大权在握者不必太关注一般人的情绪变化。当权者替别人想太多，有可能是"心太软"的表现。

（3）发挥同理心，感知对方内在感受有可能会影响个体的职业表现，使之难以顺利完成工作。比如，护士由于感知到病人的悲伤和痛苦，承担了强烈的心理负担，难以正常地完成医护操作。

联结实践：上述常见误区各有一定道理，你怎么看？

感知内在情绪，行动要点包括：保持自身平静、识别脸部表情和反映对方情绪。

1. 保持自身平静

保持自身平静是指保持良好的内在情感状态，专注、开放、敏感并且冷静。当我们的内在情绪跌宕起伏时，听清自身情绪的呐喊原本已经非常具有挑战性了，我们很难再能捕捉和感知他人的情绪信号。同理心和同情心不同，我们能够理解他人的感受，但是不会陷于他人的情绪状况中。

实践指导

自我分析——保持良好的内在状态，我做得怎么样？

问题共 10 个，计分标准见后文。现在，请静下心来，诚实地回答下面的测题。（1）坐飞机时，突然有很大的震动，你开始随着机身左右摇摆。这时候，你会怎样做呢？

A. 继续阅读，或看电影，不太注意正在发生的骚乱

B. 注意事态的变化，仔细听播音员的播音，并翻看紧急情况应付手册，以备万一

C. A 和 B 都有一点

D. 不能确定——根本没注意到

（2）带一群 4 岁的孩子去公园玩，其中一个孩子由于别人都不和他玩而大哭起来。这个时候，你该怎么办呢？

A. 置身事外——让孩子们自己处理

B. 和这个孩子交谈，并帮助她想办法

C. 轻轻地告诉她不要哭

D. 想办法转移这个孩子的注意力，给她一些其他的东西玩

（3）假设你是一个大学生，想在某门课程上得优秀，但是在期中考试时却只得了及格。这时候，你该怎么办呢？

A. 制订一个详细的学习计划，并决心按计划进行

B. 决心以后好好学

C. 告诉自己在这门课上考不好没什么大不了的，把精力集中在其他可能考得好的课程上

D. 去拜访任课教授，试图让他给你高一点的分数

（4）假设你是一个保险推销员，去访问一些有希望成为你的顾客的人。可是一连 15 个人都只是敷衍，并不明确表态，你变得很失望。这时候，你会怎么做呢？

A. 认为这只不过是一天的遭遇而已，希望明天会有好运气

B. 考虑一下自己是否适合做推销员

C. 在下一次拜访时再作努力，保持勤勤恳恳工作的状态

D. 考虑去争取其他的顾客

（5）你是一个经理，提倡在公司中不要搞种族歧视。一天你偶然听到有人正在开有关种族歧视的玩笑，你会怎么办呢？

A. 不理它，这只是一个玩笑而已

B. 把那人叫到办公室去，严厉斥责他一顿

C. 当场大声告诉他，这种玩笑是不恰当的，在你这里是不能容忍的

D. 建议开玩笑的人去参加一个有关反对种族歧视的培训班

（6）你的朋友开车时别人的车突然危险地抢到你们前面，你的朋友勃然大怒，而你试图让他平静下来。你会怎么做呢？

A. 告诉他忘掉它吧，现在没事了，这不是什么大不了的事

B. 放一盘他喜欢听的磁带，转移他的注意力

C. 一起责骂那个司机，表示自己站在他那一边

D. 告诉他你也曾有同样的经历，当时也一样气得发疯，可是后来看到那个司机出了车祸，被送到医院急救室

（7）你和伴侣发生了激烈的争吵，盛怒之下互相进行人身攻击，虽然你们并不是真的想这样做。这时候，最好怎么办呢？

A. 停止 20 分钟，然后继续争论

B. 停止争吵，保持沉默，不管对方说什么

C. 向对方说抱歉，并要求他（她）也向你道歉

D. 先停一会儿，整理一下自己的想法，然后尽可能清楚地阐明自己的立场

（8）你被分到一个单位当领导，想提出一些解决工作中困难问题的好方法。

这时候，你第一件要做的是什么呢？

A.起草一个议事日程，以便充分利用和大家在一起讨论的时间

B.给人们一定的时间相互了解

C.让每一个人说出如何解决问题的想法

D.采用一种创造性地发表意见的形式，鼓励每一个人说出此时进入他脑子里的任何想法，而不管该想法有多疯狂

（9）你3岁的儿子非常胆小，实际上，从他出生起就对陌生地方和陌生人有些神经过敏或者说有些恐惧。你该怎么办呢？

A.接受他具有害羞气质的事实，想办法让他避开令他感到不安的环境

B.带他去看儿童精神科医生，寻求帮助

C.有目的地让他一下子接触许多人，带他到各种陌生的地方，克服他的恐惧心理

D.设计渐进的系列挑战性计划，每一个相对来说都是容易对付的，从而让他渐渐懂得他能够应付陌生的人和陌生的地方

（10）多年以来，你一直想重学一种儿时学过的乐器，而现在只是为了娱乐，你又开始学了。为了最有效地利用时间，你该怎么做呢？

A.每天坚持严格的练习

B.选择能稍微扩展能力的有针对性的曲子去练习

C.只有当自己有情绪的时候才去练习

D.选择远远超出自身能力但通过勤奋的努力能掌握的乐曲去练习。

测题答案及解释：

1．除了D以外的任何一个答案。选择D反映了您在面临压力时经常缺少警觉性。A=20，B=20，C=20，D=0

2．B是最好的选择。情商高的父母善于利用孩子情绪状态不好的时机，对孩子进行情绪教育，帮助孩子明白是什么使他们感到不安，他们正在感受的情绪状态是怎样的，以及他们能进行的选择。A=0，B=20，C=0，D=0

3．A。自我激励的一个标志是能制订一个克服障碍和挫折的计划，并严格执行它。A=20，B=0，C=20，D=0

4．C 为最佳答案。情商高的一个标志是面对挫折时，能把它看成一种可以从中学到东西的挑战，坚持下去，尝试新的方法；而不是放弃努力，怨天尤人，变得萎靡不振。A=0，B=0，C=20，D=0

5．C。形成一种欢迎多样化的气氛的最有效方法是公开挑明这一点。当有人违反时，明确告诉他你的组织规范不容许这种情况发生。不是力图改变这种偏见（这是一个更困难的任务），而只是让人们遵照规范去行事。A=0，B=0，C=20，D=0

6．D。有资料表明，当一个人处于愤怒状态时，使他平静下来的最有效的办法是转移他愤怒的焦点，理解并认可他的感受，用一种不激怒他的方式让他看清现状，并给他以希望。A=0，B=5，C=5，D=20

7．A。中断 20 分钟或更长的时间，这是使愤怒引起的生理状态平息下来的最短时间。否则，这种状态会歪曲你的理解力，更可能出口伤人。平静了情绪后，你们的讨论才会更富有成效。A=20，B=0，C=0，D=0

8．B。当一个组织的成员之间关系融洽、亲善，每一个人都感到心情舒畅时，组织的工作效率才会最高。在这种情况下，人们才能自由地作出他们最大的贡献。A=0，B=20，C=0，D=0

9．D。生来带有害羞气质的孩子，如果他们父母能安排一系列渐进的、针对他们害羞的挑战，并且这种挑战是能逐个应付得了的，那么他们通常会变得更加喜欢外出。A=0，B=5，C=0，D=20

10．B。适度的挑战最有可能激发自己最大的热情。这既能使你学得愉快，又能使您完成得最好。A=0，B=20，C=0，D=0

（备注：最高分数为 200 分，一般人的平均分为 100 分）

资料导读：成功人士保持冷静的 10 种方式（摘选自福布斯中文网）

在压力环境下，能否保持冷静直接关系到工作表现的好坏。研究发现，在表现出众的人中，有90%都善于在压力下管理自己的情绪，以保持冷静和自控。加州大学伯克利分校的研究揭示，经历适度压力可以产生积极作用，同时也强调了控制压力的重要性。由博士后研究员伊丽莎白·科尔比（Elizabeth Kirby）牵头的这项研究发现，压力的出现会诱使大脑生长负责提高记忆力的新细胞。

不过，这种效果只有在压力处于间歇性的时候才能被看到。一旦压力从维持片刻变成长期持续，便会抑制大脑生成新细胞的能力。

表现优异的人拥有精湛的策略来确保他们面临的压力是间隙性的而不是长期的。对于动物而言，间隙性压力以来自周围环境的真实威胁的形式构成了生存经历的很大一部分。很久以前，人类的情况也是如此。随着人类大脑进化并变得越来越负责，我们发展出一种对事件感到担忧和下意识重复响应的能力，致使频繁经历长期性压力。不过幸运的是，除非是一头狮子在追你，你的大部分压力是主观的，并在可控范围内。以下是 10 个应对压力的策略，简单易懂，但是真正的挑战在于意识到你需要何时运用它们，以及在压力环境下是否有必要的手段将之运用起来。

（1）珍视感恩

花时间去思考让你感激的事情会改善你的情绪，因为它把压力荷尔蒙皮质醇降低了 23%。加州大学戴维斯分校的研究结果显示，每天用心培养感恩心态的那些人会感受到情绪、精力和身体健康都有所改善。皮质醇的降低很可能在其中发挥了重要作用。

（2）避免问"如果……怎么办？"

"如果……怎么办？"这种话会加重压力和忧虑情绪，犹如火上浇油。所有事情都可以朝着 100 万个不同的方向发展，你花越多的时间担心各种可能性的发生，用来平静心情和控制压力的时间就越少。冷静的人知道，心里老琢磨"如果……怎么办？"这种事，只会使事情向他们不希望或者不需要的方向发展。

（3）保持乐观

大脑有意识地关注乐观的想法，有助于把压力变成间隙性的。当所有事情进展顺利的时候，你的心情会是愉悦的，大脑便处于相对放松的状态。当所有事情进展不顺利的时候，你的脑海里充斥着各种悲观想法，这便很难应付。此时，试着想想你今天曾经发生过的一件积极的事情，无论它多么的不起眼，或者回忆前一天甚至前一周发生的美好事情。关键在于，当你情绪消极时，必须要找到某些积极的事情来转移注意力。

（4）有意地与外界断开联系

考虑到让压力保持间断的重要性，定期远离喧嚣显然有助于控制压力。如果连续工作七天，你就会让自己暴露在密集袭来的压力下。强迫自己离线甚至关掉手机，你需要从工作中脱身去休息一下。很多研究表明，即便像暂时停止查阅电子邮件这类简单的事情也可以缓解压力。

（5）控制自己的咖啡因摄入量

喝咖啡会引起肾上腺素的分泌，而分泌肾上腺素是人类在面对威胁时的一种本能求生机制，回避了理性思维而支持更快速的反应。当有熊追赶你时，这种机制用处巨大。但是，在回复一封简单的邮件时却未必如此。当咖啡因使你的大脑和身体进入到这种高度紧张的状态时，你的行为在很大程度上将由情绪所左右。咖啡因带来的这种压力远非间歇性的，较长的半排出期使得它的"功效"要花上好些时间才能退去。

（6）睡觉

睡眠对于控制压力至关重要。睡觉时你的大脑在充电，在白天的记忆中穿梭，储存或者遗弃它们，这就形成了梦。所以当你醒来时，头脑总是很灵敏，思维很清晰。当你得不到充足或者适当的睡眠时，自控能力、注意力和记忆都将减退。睡眠不足会提高自身的应激激素水平，即使不存在压力。

（7）停止消极的自言自语

每当你使用"从不""最差"和"永远"等词汇时，你的陈述十有八九与事实不符。越沉湎于消极的想法，你赋予它的力量就越大。我们大多数消极的想法只是想法而已，并非事实。当感觉一些事情总是在发生或者从未发生过，这仅仅是你大脑天生的威胁认知倾向夸大了一个事件的感知频率或者严重性。

（8）重新构建自己的观点

压力和忧虑常常因为偏见而加重。我们很容易认为，那些不切实际的最后期限、毫无人情味的老板以及无法控制的交通都是让我们一直处在压力之下的原因。如果能够从宽阔的角度展开思考，扫除"一切都乱套了"或者"任何事情都行不通"等陈述，那么势必会对形势构建出新的认识。例如：要纠正这种负效率的思维模式，一个不错的方法就是列举出具体有哪些事情是确实行不通或者乱套的。你八成只会想出一些事情，而不是所有事情。如此一来，压力的来源将显得比一开始所表现出的少多了。

（9）呼吸

使压力成为间歇性的最简单的方式在于你每天必须做的事情：呼吸。专注于呼吸的那一刻将从训练你的大脑只专注于你手头上的任务开始，把压力抛诸脑后。当你感受到压力时，关上门，抛开所有杂念，花几分钟时间专注于呼吸，想想吸气和呼气是什么感受。这听起来简单，但是很难坚持超过一两分钟。如果确实很难做到专心呼吸，那么可以尝试对每一次呼气和吸气进行计数，直到做完 20 次呼吸，然后重新从 1 数起。

（10）使用自己的支持系统

凭自己的能力搞定一切，这种想法虽然很有诱惑力，但却完全无效。为了保持冷静和高效，你必须意识到自己的弱点，并在必要的时候寻求帮助。这意味着，当挑战很艰巨并且让你感觉无力应对时，就该动用自己的支援网络，努力征求他们的意见和寻求协助。即便是诉说心中的忧虑这类简单事情，也能够作为一个排解焦虑和压力的通道，并为你提供看待这种情况的新视角。寻求帮助将缓解你的压力，并加强与这些可依靠的人之间的关系。

思考与练习

（1）通过保持平静的自我分析，我的收获是什么？

（2）我经常采取的保持平静的方法是什么？有什么影响？

（3）我的潜在行动是什么？

2. 识别脸部表情

情绪的变化是有迹可循的。人的脸部有四十多块肌肉，而其中大部分肌肉我们都无法有意识地控制。这就意味着，我们总会不由自主地通过脸部活动暴露出内心的很多信息，即便极力掩饰时也是如此。我们拥有这些脸部表情，只是并不像自己想象的那样善于解读这些信息。

识别脸部表情是指通过观察由面部各部分肌肉组成的各种微妙的脸部表情，来揭示当事人的复杂情感。比如，被假笑掩饰的厌恶、被故作镇定压抑的恐惧等。观察的关键部位包括：眉毛、前额、上下眼皮和上下嘴唇。

识别脸部表情的实践指导

（1）表示惊讶时，眉毛会高高耸起，上下眼皮张开，眼睛睁大，嘴巴张开。

（2）表示悲伤时，眉毛的里端会收缩并扬起，眼皮低垂，眼睛被挤成三角形，嘴角向下，下唇突出。

（3）表示愤怒时，眉毛会收缩下垂，两眉之间会出现皱纹，眼睛变得狭窄细长，双唇紧闭或大喊大叫。

（4）表示恐惧时，眉毛直线上扬，上眼皮抬起而下眼皮收缩，嘴唇紧张而且往回缩。

（5）表示厌恶时，眉毛低垂，鼻子皱起，上嘴唇抬起；下嘴唇抬起并突出，使嘴巴紧闭，或者下降并突出，使嘴巴张开。厌恶的感觉越强烈，皱纹出现的就越多。脸颊也会被抬起，促使下眼皮也被抬起，眼睛收缩，才出现线条和褶皱。

（6）表示轻蔑时，嘴角总会拉紧并上扬，上嘴唇或者轻微地抽动一下，或者非常明显地上拉，通常还伴随着鼻子发出"嗤"的一声鼻息，眼睛则往下看。

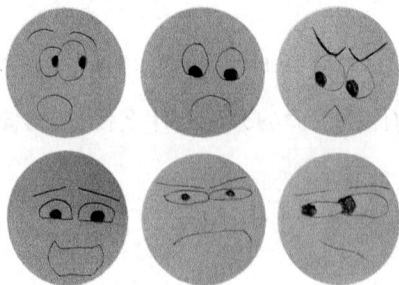

思考与练习

（1）试着反复模仿各种表情，并拍照记录。哪一个较容易？哪一个更难？

（2）对着镜子观察自己的常态面容，练习各种表情。有什么收获？

（3）在人际互动过程中用心观察，注意到的表情有哪些？

3. 反映对方情绪

在保持内在平静的基础上，通过识别脸部表情以及相关肢体语言，我们能够感知对方的内在情绪。在此基础上，我们可以进一步采取适宜的方式加以澄清，印证相互间不断形成的理解，鼓励对方进一步放开交流，构建良好的互动过程。

实践指导

（1）贴近对方的行为

贴近对方的行为是指模仿对方的动作，如同和对方共舞一曲，可以拉近距离，在共同的韵律下，促进彼此开放地交流。如果让对方感到了不适，则意味着我们需要校正情绪的感知或者行为的模仿。贴近对方行为需要确保自然，不要过度解释。同时，要记住千万不要对严重陷入情绪问题的人作这样的尝试。例如，沉浸在悲痛中的人需要安静的环境，让自己沉浸一段时间。悲痛是一种让我们保存能量，对引起悲痛的事件进行心理消化的状态。

● 匹配：意味着你移动相应的身体部位来模仿对方的肢体语言。匹配适用于你和对方靠得很近的情况。比如，对方头部微侧，左手轻轻挥动；你也可以试着头部微侧，微微左手挥动。

● 照镜子：意味着你移动和对方相反的身体部位，就像你是对方在镜子里的形象一样。照镜子适合于你和对方面对面坐着或者站着的时候。比如，交谈中，对方将右前臂弯曲抬起到腰部，你可以试着弯曲抬起左臂。

（2）模仿对方的声音

模仿谈话对方的音调、语气、语速和音量等方面的变化，包括惯用的俚语和行话，有助于建立亲善的沟通氛围，同时印证我们对对方感受的识别。比如，对方的语速变得轻快，我们也可以试着作出相应的调整。

（3）配合对方的精神状态

在交谈过程中，要注意对方的精力值。如果感觉到对方精力充沛、兴致勃勃，那么就需要调整状态去加以配合。这样既能印证我们对他人的感受识别，也能促进谈话的进一步发展。

（4）用适宜的词汇描述对方感受

在识别到对方的内在感受时，可以尝试选用适宜的情感词汇来概括，并小心加以澄清。可以用肢体语言表现，也可以直接描述。比如，"你似乎挺失望的"，或者"看来，你挺期待的"，又或者"情况好像不太理想"等。

思考与练习

参照上述行动指导，与家人或者好友进行一次深入交谈。

三. 关键行为 22——领悟潜在需求

24. Albert and Bernard just become friends with Cheryl, and they want to know when her birthday is. Cheryl gives them a list of 10 possible dates.

May 15	May 16	May 19
June 17	June 18	
July 14	July 16	
August 14	August 15	August 17

Cheryl then tells Albert and Bernard separately the month and the day of her birthday respectively.

Albert: I don't know when Cheryl's birthday is, but I know that Bernard does not know too.

Bernard: At first I don't know when Cheryl's birthday is, but I know now.

Albert: Then I also know when Cheryl's birthday is.

So when is Cheryl's birthday?

案例：奥数难题之网友感叹——女孩的心思真难猜！

近日，新加坡出题机构为中学生设计的一道奥数题难倒网民，引发网友绞尽脑汁解神题。题目如下：

Albert 和 Bernard 刚与 Cheryl 成为朋友，他们（前两者）想知道她（后者）的生日，于是 Cheryl 给了他们 10 个可能的日期：5 月 15 日、5 月 16 日、5 月 19 日、6 月 17 日、6 月 18 日、7 月 14 日、7 月 16 日、8 月 14 日、8 月 15 日、8 月 17 日。

Cheryl 把她的生日月份和日子分别告诉 Albert 和 Bernard，Albert 听过后表示："我不知道 Cheryl 的生日，但我肯定 Bernard 也不知道。"Bernard 于是说："最初我也不知道 Cheryl 的生日，但现在知道了。"然后 Albert 说道："那我也知道了。"请问 Cheryl 的生日是何时？

女孩 Cheryl 的生日的确不容易算出来，答案上网一查便知。但是，正如文章的题目所讲，在现实生活中，女孩的心思可就真的很难猜透了。

在社交互动过程中，有的时候对方不愿意把所要表达的内容直接、清晰地说出来；有的时候是对方不方便直接说清楚；也有的时候是对方自己也不太肯定到底要说清楚什么。领悟潜在需求正是面对上述挑战，强调在互动过程中通过复述、铺垫和提问等方式，澄清、拓展和引导谈话，尝试理解对方所要表达的真实含义。

领悟潜在需求的行动要点包括：复述内容、铺垫内容和解读内容。

1. 复述内容

复述内容是指在沟通互动过程中，通过复述对方谈到的关键内容，确认信息，验证理解。可以复述某一句话，或者请求对方澄清某个关键词的含义，或者概括主要内容后请对方看看是否有疏漏，又或者总结重点后请对方确认。例如，说者："我现在负责的项目需要更多市场部门的支持。"那么，听者复述内容："你提到更多市场部的支持是指……"

实践指导——常用句型：

● "你的意思是说……"
● "你刚才提到符合标准是指……"
● "你刚才谈到两点，分别是……"
● "你刚才强调的是……，是这样吗？"

思考与练习

（1）客户刚刚提到，希望我们能够提前完成计划。

（2）我们下周三交报告有些困难，一些关键数据还没有准备好。

（3）如果细节能控制得再好一些，效果应该会不太一样。

2. 铺垫内容

铺垫内容是指在交流过程中，首先提供少量相关信息，以方便对方在此基础上分享更多内容。有时候，针对性的敏感信息铺垫有助于促进沟通过程直奔主题，提高效率。例如铺垫内容："我注意到贵公司在年初有一次结构调整，您……"

实践指导——常用句型：

● "你刚才提到……"

● "关于这一点，你强调过……"

● "网上有这样的讨论……"

● "我注意到……，你认为……"

● "我了解到的是……，你的想法是……"

思考与练习

（1）客户刚刚提到，希望我们能够提前完成计划。

（2）我们下周三交报告有些困难，一些关键数据还没有准备好。

（3）如果细节能控制得再好一些，效果应该会不太一样。

3. 解读内容

解读内容是理性认知和直觉领悟共同作用的过程。以下会介绍一些理性认知的实践要点，但是，运用过程中离不开直觉罗盘的保驾护航。即，将我们在上文中谈到的"用心体会"贯穿始终。切记，我们在和人互动，而不是抽象的信息。

实践指导：

（1）把预判移开

在与他人交流之前，每个人或多或少都有自己的预判，希望这样、担心那样，或者估计会怎么样等。这些预判就像是一道筛网，阻碍了我们未预想到的信息，更有利于与预判相仿的信息通过，导致我们最终获取的信息片面、失真。把预判移开，可以帮助我们避免倾向性地误读信息。例如：

说者："我想听听你们的初步建议是什么。"

把预判移开："好的。为了更好地介绍方案，您能否先澄清一下，关于……"

预判的作用不容忽视。心理学领域的研究发现，当我们在现实中遇到一些复杂的问题时，个体会倾向于将问题简化，在现有能力状况下，以自己能够理解的模式进行分析，进而作出决策。如果没有适度的预判，我们会陷入信息的海洋，止步不前。在《麦肯锡方法》一书中曾强调："要在第一次客户咨询会议上就提出你的假设，这有助于提高界定问题和分析问题的效率。"但是，如果我们的目的是领悟谈话对象的潜在需求，那么，我们还需要谨慎处理好预判可能带来的影响。

（2）启动话题

迎合对方喜好的交流方式。经验表明，人们第一喜欢的人往往是他们自己，第二喜欢的人是喜欢他们的人。人们都喜欢和那些跟自己相似的人待在一起。因为，如果我和你相似，你就会理解并喜欢我。如果你喜欢我，就会倾向于赞同我。例如：尝试反映对方情绪的启动谈话，"你有些担心……"或者尝试拉近距离的启动谈话，"如果我是你，也会和你有一样的感受。"

通常情况下，每个人都希望能够展示自己，渴望被倾听。主动邀请对方多谈谈他自己，或者对方感兴趣的人和事。例如：启动谈话"最近怎么样？"或者"你一直在忙的 A 项目，感觉怎么样？"

（3）让倾听和提问跳起舞来

不仔细倾听，无法提出好问题；不有效提问，听不到更有价值的信息。以倾听为基础，通过有效提问，逐步推动谈话进程。

● 提问有助于拓展谈话内容，比如，"还有吗？"或者"能详细点吗？"

● 提问有助于收敛谈话议题，比如，"你要说的重点是什么？"或者"特别要强调的是什么？"

● 提问有助于澄清话题的准确性，比如，"你的意思是指……，是这样吗？"

● 提问有助于澄清话题的重要性，比如，"你刚才提到……，造成了什么影响？"

● 提问有助于明确话题的客观依据，比如，"你谈到的配合不利，具体体现是什么？"

● 提问有助于递进谈话内容，比如，"你的目的是什么？"或者"出于什么原因，你会希望……"又或者可以试着直接问"为什么？"

思考与练习

（1）客户刚刚提到，希望我们能够提前完成计划。

（2）我们下周三交报告有些困难，一些关键数据还没有准备好。

（3）如果细节能控制得再好一些，效果应该会不太一样。

关键行为汇总

培养同理心

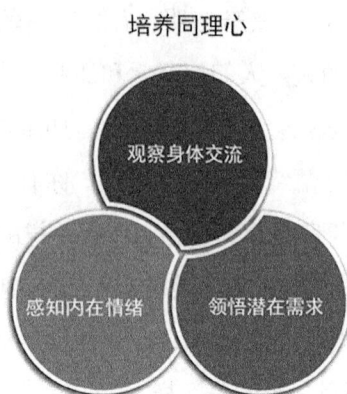

第二节 主动适应

案例：让关爱他人之心在年轻人中普及

最近哈佛大学教育学院的一份报告"让关爱他人之心在年轻人中普及"（Making Caring Common）引发了大量的媒体关注和行业讨论。这份报告的目的在于，让被功利主义扭曲的价值观回归正位，让更多人重新认识哈佛的理想与精神。报告提及当今绝大多数美国高中生将个人成就置于关爱别人之上，而这与美国的传统价值相悖。鉴于大学招生规则对于教育的引领作用，报告强烈建议美国大学招生系统作出必要的变革，来借此扭转上述"将个人成就置于关爱别人之上"的主流价值观。为此，报告给出了3大目标，并就每个目标给出了具体的操作建议。

1. 倡导更有意义的奉献、社区服务，鼓励学生积极参与关乎公众福祉的社会活动。报告给出了4条具体建议：

● 持续的、有意义的社区服务。

● 通过团队合作解决社区的问题和挑战。

● 真正的、有意义的对于社会多样性的体验（例如贫穷）。

● 能培养发展学生感恩之心和对未来的责任感的服务活动。

2. 设置必要的机制合理评估学生在道德层面的活动参与，充分考虑学生因种族、文化以及社会阶层之差异而在上述活动中的参与度差异。报告给出了2条建议：

● 对于家庭的贡献。

● 评估学生是否能在日常生活中关注他人之需求并作出奉献。

3. 重新定义成就，以消除经济背景带来的教育机会不均等，并减少因过高的成就目标而产生的压力。报告给出了 5 条建议：

● 强调活动的质量而非数量。

● 告知学生招生人员知晓部分学生选择了过度的应试课程。

● 警告并劝阻学生在升学过程中过度依赖外部指导。

● 提供必要选项以降低学生的考试压力。

● 拓展学生对于"好"大学的认识。

这些建议作为一个整体随着这份报告在这个时刻被提出来，其背后的原因是不言而喻的，那就是：美国高等教育领域里的有识之士对于越来越背离美国精英传统的功利主义已经到了无法容忍的地步。其实，真正的哈佛人是一群为真理、为国家、为社会而献身的殉道者。他们是一群不计回报来服务国家、服务社会的人，是美国社会的真正精英，回馈社会的观念已深深植于他们的内心。美国大学最初的使命并非在于培养具体的行业人才，而在于培养能进行批判思考并关注重大问题的"完整"公民，而这样的公民也是美国民主制度和社会进步的基石。

在社交过程中，主动适应他人的内在根本正是上述报告中所倡导的服务精神。培养主动适应的能力，包括 3 个关键行为：夯实自我、培养富足和服务他人。

一、关键行为 23——夯实自我

在冯友兰先生所著的《中国哲学简史》中提到，中国文化强调个人修为的最高境界不是"圣人"而是"天人"，这里的天人指的是"人与自然、人与客观规律的和谐相处"；而中国文化强调人际交往的最高境界为"顺人而不失己"，既照顾好自己，又能更好地服务他人。夯实自我的目的在于首先确立扎实的自我，为在社交互动过程中的服务他人奠定基础。

夯实自我的行动要点包括：设定底线、验证技能和终身学习。

1. 设定底线

在中国的传统文化中，君子和小人的概念经常会被提及。两者区别何在呢？

相对而言，君子是指成熟的个体，而小人则是指像小孩子一般不够成熟的个体。通俗地讲，君子与小人一项主要的、根本的区别在于：从整个人生到某个具体的情境，君子做事有底线、有追求，而小人则恰恰相反。如果一个人处理起事情来既没底线又没追求，那么，在与他交往的过程中会变幻莫测，实在是太难了。而更大的问题还在于，这样的个体本身成了"空心人"，面临"何以自居"的强烈困境。

案例：确实没什么境界，但我绝对有底线

易中天先生认为，任何历史人物和历史事件都有三种面目，历史上的本来面目，称之为历史形象；小说、戏剧和文学艺术中的面目，称之为文学形象；民间信仰、民众风俗和一般人心目中的面目，称之为民间形象。

易中天曾特别说明："站在古人的立场上看历史，叫历史意见；站在现今人的立场上去看历史，叫时代意见；站在个人的立场上去看历史，叫个人意见。《三国演义》讲的是三国的文学形象，而我重点要讲的是三国的历史形象。"

在一次媒体访谈中，易中天曾这样讲道："我确实没什么境界，但我绝对有底线。"他认为，底线比境界重要。一个人可以没有境界，但不能没有底线。没有境界，顶多差劲一点；没有底线，就会出大问题。

联结实践：在工作中，处理团队内部冲突时，我的底线是什么？

设定底线会影响我们的生活态度，能够提供继续前进时所必需的那份坦然。因为并不是所有人都能够轻易地作决定或承担风险，有时可能苦苦思索几个星期甚至几个月，但仍然无法得出结论，采取行动。这种情况的出现，常常是由于我们害怕跨入未知领域所带来的后果而引起的，我们不确定应该如何对自己的工作、家庭、生活方式作出调整。底线思维（bottom-line thinking）是一种思维技巧，明确界定底线意味着直面现实，认真评估风险，估算可能出现的最坏情况，并且接受这种情况。底线有一定的限度，跨越这个限度必然会产生危害。

实践指导

（1）什么时候需要明确底线？

● 作出决策时

● 对作出的决策感到担心时

● 想对现状作出改变时

● 感到不满足或不安定时

● 面对诱惑、威胁和挑战时

● 想说"不"时

（2）如何澄清底线？

● 收集信息：搜集尽可能多的信息，并对可能出现的最糟糕情况作出实事求是的评价。

● 分析后果：投入时间，集中注意力，记录下你所作决策可能导致的后果。然后，标注出你最担心的那种后果。

● 拓展思路：对各种替换方案和解决办法保持开放。

● 考量底线：把你所担心的结果再次描述出来，并且反复考量。想象最坏的结果已经发生，如果你能接受这一结果，那么你也就能轻易地作出决定。如果你不能接受结果，问问自己"为什么不能"。

● 校正底线：思考并列出什么对于自己才是真正重要的。

● 草拟底线：尝试用若干词汇或短句概括描述关于底线的思考，作为个人实践过程的指导。

案例：关于失业的恐惧感

阿志所在的公司近半年已经两次进行裁员。阿志担心即使自己不主动申请离职，他被迫离开公司也只是时间早晚的问题。公司会为离职员工提供 1+1 的补偿和一份履历证明。阿志一时间不知道该如何处理这件事，直到他尝试运用底线思维。

阿志首先想到，自己的最糟糕的情况莫过于 1 年内都找不到好工作。他想象自己就处在这样的一种情况下，"自己到底能否面对？这件事最多会严重到什么程度？看看市场情况，发生的可能性有多大？自己该如何预防，提前作些准备。"渐渐地，阿志的底线思维将一些日常敏感的物质上的需求（如地位、高收入、宽敞的房子、宝马车等）暂时排除在外，他发现自己真正无法失去的东西是家人的健康、开心和成长。确保最基本的生活状况，他还是完全有把握的。

突然间，阿志感到如同卸下枷锁般的心灵释放，对于失业的恐惧感消失了。由于运用了底线思维，阿志开始坦然面对可能出现的最差情况，并且尝试着去接受它，从容面对进而力求改进，世界也因此向他展开了更广阔的可能性。

2. 验证技能

面对现实挑战，解决问题或者实现目标都需要我们不断地调整思维、学习新知识、积累经验和培养实用技能。其中，实用技能是指掌握并能运用专门技术的能力，是我们尝试如何做得更好，将想法落实到具体操作的关键所在。当我们将所掌握的实用技能加以运用并且在现实场景中得以验证时，我们就能够不断构建坚实的自我确信度。

实践指导：了解具体情境所需的实用技能，持续练习、验证并精制。

（1）在职场中，作为个体贡献者应该注意的实用技能

● 技术或业务能力。

● 团队协作能力。

● 为了个人利益和个人成果建立人际关系。

● 合理运用公司的工具、流程和规则。

联结实践：在目前的工作中发挥上述实用技能，我的强项和短板是什么？

（2）在职场中，作为一线管理者应该注意的实用技能

● 制订计划，包括项目计划、预算计划和人员计划。

● 工作设计与获取资源。

● 人员选拔与教练辅导。

● 授权与奖惩激励。

● 绩效监督与评估。

● 为部门发展建立上下左右的良好关系。

● 年度时间计划、任务期限安排和项目进度等。

联结实践：在目前的工作中发挥上述实用技能，我的强项和短板是什么？

思考与练习

（1）与经理预约一次面谈，了解目前工作岗位所需的实用技能。

（2）我的强项是什么？我的短板是什么？

（3）持续练习、验证并精制，我的潜在行动是什么？

3. 终身学习

英国技术预测专家詹姆斯·马丁有一项测算：人类的知识在 19 世纪是每 50 年增加一倍，20 世纪初是每 10 年增加一倍，70 年代是每 5 年增加一倍，而近 10 年则是每 3 年翻一番。到 2003 年，知识的总量比 20 世纪末增长了一倍；到 2050 年，目前的知识也许只占届时知识总量的 1%。众所周知的摩尔定律（More's law）被用来形容半导体科技的快速变革，其基本内容是：平均每过 18 个月，半导体芯片的容量就会增长一倍，成本却少一半。而"新摩尔定律"即光纤定律则是：互联网的带宽每 9 个月会增加一倍的容量，但成本也同时降低一半。

案例：饿死的鲅鱼

鲅鱼喜欢吃鲦鱼。有位生物学家曾经用这两种鱼做了一个试验：用玻璃板把一个水池隔成两半，把一条鲅鱼和一条鲦鱼分别放在玻璃板的两侧。

开始时，鲅鱼渴望吃到鲦鱼，飞快地向鲦鱼发起进攻，可一次次都被玻璃板撞得晕头转向。撞了几十次之后，沮丧的鲅鱼失去了信心，不再向鲦鱼那边游去。更有趣的是，当实验者将玻璃板抽出来之后，鲅鱼也不再尝试去吃鲦鱼了，放弃了本来可以达到目的的努力。

几天后，鲦鱼因为得到生物学家供给的鱼料，依然自由自在地在水中畅游，而鲅鱼却翻起雪白的肚皮漂浮在水面上死去了。

终身学习是指社会每个成员为适应社会发展和实现个体发展的需要，贯穿其一生的持续学习过程，即我们所常说的"活到老学到老"或者"学无止境"。终身学习能使我们克服困难，解决工作中的新问题；能满足我们生存和发展的需要；能使我们不断累积自我确信，更好地实现自身价值。

实践指导

（1）培养主动学习的习惯

主动学习是指把学习当做一种发自内心的、反映个体需要的活动。它的对立面是被动学习，即把学习当做一项外来的、不得不接受的活动。主动学习的习惯本质上是视学习为自己的迫切需要和愿望，坚持不懈地进行自主学习、自我评价、自我监督，必要的时候进行适当的自我调节，使学习效率更高、效果更好。

● 把学习当成自己的事情。

● 对学习有如饥似渴的需要，有随时随地只要有一点时间就要用来学习的劲头。

● 对自己的学习效果及时有效地进行评价。

● 主动调节自己的学习行为，以适应不同的环境和需要。

● 遇到困难坚持不懈。

● 要正确对待别人的帮助。

（2）培养不断探索的习惯

不断探索是指在未知的领域里，凭借自己的兴趣爱好、发现和寻找进行学习，多方寻求答案，解决疑问。

● 经常观察和思考。

● 对周围某些事物、现象，对听到和看到的观点、看法有浓厚的兴趣。

● 不断丰富自己的信息资源，既包括人的方面的资源，也包括知识方面的资源。

● 对新事物有开放的心态。

（3）培养自我更新的习惯

自我更新是指不固守已经掌握的知识和形成的能力，从发展和提高的角度对自己的知识、认识和能力不断地进行完善。

● 学会反思。孔子之所以成为千古圣贤，得益于"一日三省吾身"。具体到我们每一个人的真正进步，无不得益于对过去的反思。

● 不断地对自己掌握的知识和能力进行联系、推敲、质疑和发展。

● 知识越渊博的人，往往越谦虚。

● 要有追求的动力。没有发展动力的人，即使有好的天分和好的条件，也不一定能够获得良好的发展。

● 广泛探索。自以为是和举止轻浮是妨碍自我更新的绊脚石。

● 不为荣誉所累。

（4）培养学以致用的习惯

学以致用的精髓，一方面在于把间接的经验和知识还原为活的、有实用价值的实践指导；另一方面在于肯于动手，理论上行得通的东西，在实践中可能远比想象的要复杂得多。"纸上得来终觉浅，绝知此事要躬行"，动手做一做，比单纯的纸上谈兵要来得更具体、更全面，也更直观。学以致用还有助于个体发现自己的潜力。有些问题貌似很复杂，其实真正去做的时候却会发现并不太难。如果肯于多动手尝试，就会发现自己能做的事情很多。

● 善于观察和借鉴他人经验。

● 学会"做"。"做"是这一习惯的核心，我们要不断动手去做实验，验证自己提出的想法和观点。

● 除了实验，"玩"也是"做"的重要方式之一。人们的"玩"有两种方式，一种是纯粹为了轻松，属于"娱乐休息"。还有一种是探索性的玩，凡事想弄个究竟，想玩出点花样。区别的关键在于在玩的过程中，大脑是被游戏牵着走，还是在为游戏设计规则、进行改进和提高。

● 善于总结经验。在动手操作的过程中，能够总结出其中所蕴含的规律性经验非常重要。也只有这样，操作才能更高效地推广利用。

（5）培养优化知识的习惯

在知识社会里，信息浩如烟海，会游泳者生，不会游泳者亡。这里的"游泳"就是指管理知识与处理信息。可以肯定地说，21 世纪最重要的学习能力就是学会管理知识和处理信息。具体来说，你不可能也不需要记住所有的知识，但你能够知道去哪里找到所需的知识，并且能够迅捷地找到；你不可能也不需要学习所有的知识，但你能够识别和掌握最重要的知识，并且明确自己该如何行动。

● 设计并使用适合自身的个人信息管理系统。要学会管理知识和处理信息，同时拓展获得新知识的渠道。

● 有效地利用计算机和网络，同时要谨防信息过载。

联结实践：制订个人培养终身学习的行动计划。

二、关键行为 24——培养富足

人力资源管理的专家表示，许多知名企业在招聘员工时，看重的不仅是他们的专业知识和技能，更多的是他们处理问题的方式和看待问题的态度。例如，如果个体将自身拥有的一切视为理所当然，将与周围世界的互动视为纯粹的商业交换，那么，能否真正投身共同的事业，与企业一起持续发展，将始终面临严峻的挑战。

案例：意外的录用通知书

程序员史蒂文斯在一家软件公司干了八年，正当他干得得心应手时，公司倒闭了。这时，又恰逢他的第三个儿子刚刚降生，他必须马上找到新工作。有一家软件公司招聘程序员，待遇很不错，史蒂文斯信心十足地去应聘了。凭着过硬的专业知识，他轻松地过了笔试关。两天后就要参加面试，对此他充满信心。

可是面试时，考官提的问题是关于软件未来发展方向的，他从来没考虑过这方面的问题，于是被淘汰了。不过这家公司对软件产业的理解让他耳目一新，后来，他给公司写了一封感谢信："贵公司花费人力物力，为我提供笔试、面试的机会，我虽然落败了，但长了很多见识。感谢你们的劳动！"这封信经过层层传阅，后来被送到总裁手中。

三个月后，史蒂文斯意外地收到了该公司的录用通知书。原来，这家公司发现了他善于感恩的品德，在有职位空缺的时候自然就想到了他。这家公司就是美国的微软公司。十几年后，史蒂文斯凭着出色的业绩成为微软公司的副总裁。

"感恩"是个舶来词，在牛津词典中的定义是："乐于把得到好处的感激呈现出来且回馈他人。"培养富足的目的就是帮助个体突破眼前的得失，看到长远的福祉；突破比较的本能，认可他人的努力；突破资源的有限，相信协作的潜力；突破利己的本能，渴望有所贡献。通过拓展人际协作的机会，发起良性的正向循环。

富足的反面是匮乏，即总是觉得不满足，总是希望能够再得到更多。个体越这样想，就会越看不到他人的努力和贡献，就越想不到自身还有服务他人的责任。个体很容易陷入比较的心态，妒人有，气己无，进而越来越关注个人的点滴得失，越来越不满足，陷入恶性的负向循环。

培养富足与知足常乐有本质的区别。知足常乐是个体认为得到的已经足够了，不再渴望更多的收获，当下已经很好。培养富足则是个体认可当前状况，同时渴望追求更大的成就，是一种带着成就感迎接挑战的心态。培养富足，鼓励争当赢家，只是这里的赢家强调的不是"胜人者力"，而是"自胜者强"。

案例：丹尼尔的升职

当大家听说其他部门的丹尼尔被升职而哈里没有得到提升时，都感到非常生气，愤愤不平。他们说："哈里是最了解业务的人，那个丹尼尔看不出有什么特别。也许公司是想换换口味罢了，她是个女人，是少数，所以才会得到提升。"

有的同事在哈里的办公室里闲谈时，会就此抱怨个不停，觉得不公平。但是，大家却惊讶地听到哈里这样讲："伙计们，冷静点。其实，我谈不上有多不开心。上个季度，丹尼尔负责的 A 项目很成功，很可能她更合适。上周，老板和我就这件事进行了长谈。其实，丹尼尔在这方面很有资历。"

实践指导：培养富足的 6 个加速器

1. 关注机会，相信未来发展的潜力。例如：

● 这次升职没有拿到，下半年还有什么机会？

● 近两年公司在不断调整，坚持下来，个人会有什么发展机会？

● 这次有些遗憾，不过以后机会还很多，从长期来看……

案例：我为什么要支持老板和辅导下属？

两个孩子在玩学打仗的游戏，一个孩子说道："将来我要参军，当将军。"另一个孩子听到后，回答说："那你一定得运气好。"为什么呢？另一个孩子继续补充道："因为必须等到排长牺牲了，你才能火线提升排长；等到连长牺牲了，你才能升任连长；等到什么时候司令部让敌人端了，你才能当司令。"

猛然一想，您可能会觉得后一个孩子讲得蛮有道理。因为火线提升可以说是最快的升职方式了，有些时候，正职不退，副职就是总没机会呀。可是再仔细想想，相信您一定会注意到有问题。因为如果这样搞下去，等您当了连长时，队伍不好带呀，一百多名战士都盼着"连长什么时候牺牲啊"，那时，游戏就不好玩了。有没有既升得快又玩得久的游戏方式呢？如果第一个孩子的想法有问题，那么，问题又出在哪里呢？

其实很简单，因为后一个孩子只看到了眼前的职位，你不下去我就上不来，所以只能盼着上级出问题。他忽视了天下可以做大，我把排长顶上去当连长，把连长顶上去当司令，那样会需要更多的连长和排长，大家相互支持和提携，这个游戏的玩法更有效、更持久也更开心。如果将上述讨论联系到职场的各种现象，"我为什么要支持我的老板？我为什么要提携我的下属？我为什么要主动分享经验？我为什么要招聘能人进来？我为什么要辅导员工？"以上一系列问题也就迎刃而解了。

2. 跳出当前情景的局限，以更宽阔的视角看问题。例如：

● 各方讲的的确都有一定道理，如果从更大的视角来看……

● 刚刚的争论是不是还有其他什么原因？

● 他是压力太大了，所以才那么讲话。其实……

3. 同样尊重每一个人，远离比较心态。例如：

● 我注意到每个人都在以自己的方式努力着，他在辛苦地……

● 先不管他是什么职位，他的特点是……

● 我们要力求公平，我们更要鼓励通过合作，每个人都有机会赢得更多……

案例：阿志的乘客赚了 400 元

在一次课堂上，一位玩具厂老板谈到了自己外甥的生意经："我的外甥阿志 20 刚出头，头脑灵活，很会做生意。例如，阿志刚开始工作时，选择了自己单干，开私车给老板们跑活。有一次，一位熟悉的老板用车，多半天的时间，要去另外一个城镇，谈好了价格 800 元车费。出发后，到了高速路收费站，老板看到有许多人在路边站着等车，就和阿志商量，能不能停 2 分钟，他好去看看有没有同方向的人可以搭车，如果正能顺路，还能平摊点儿车费。阿志欣然同意了。这种情况以前也有过，如果运气好，客人的确能叫上同路的一两个人一起出钱搭车，如果运气不好，客人回来仍然自己支付全部车费就是了。结果，客户这次真的招呼到了 2 个人搭车，每人各收 600 元，一共 1200 元，支付给阿志 800 元后，客户自己还赚了 400 元。"

我们听了很好奇，追问道："乘客赚了 400 元，阿志怎么想啊？"那位学员回答说："很正常啊。阿志认为如果运气不好，乘客要付全款的；如果运气好，乘客赚到钱了，那就说明生意好做了，以后跑类似的远活，就可以试着提价了。"年轻人阿志能够这么想，哪有生意做不好的道理呢。

后来课间时，有的学员感慨道："阿志的故事蛮有意思。如果阿志看到乘客赚了 400 元，认为自己这么辛苦都不一定有客户赚得多，不开心，那么，也许一路上都会挺别扭的，乘客下次也就不用车了。如果阿志真的突破比较心理，能看得开，一路上还是高高兴兴的，很可能回来路上乘客会多给 200 元小费，也许以后还会为阿志推荐其他生意的。小故事说明了大道理，回去后，我也要讲给公司里的员工听一听。"

4. 为身边人的成功高兴，并表示祝贺。例如：

● 希望他们也能进展顺利，将来要一起强强合作。

● 真棒！祝贺你，将来多多合作。

● 你是怎么搞定的，快说两招听听。

5. 肯于分享成绩和荣誉，感谢同伴的努力和支持。例如：

● 谁曾经帮到过我？

● 这件事情还与哪些同伴相关？

● 我应该感谢谁？如何将荣誉分享？

6. 构建内在的确信度和安全感。例如：

● 我的强项是什么？如何发挥？

● 万一情况更糟了，怎么应付？

● 以前有什么经验？我还能再做点什么？

三．关键行为 25——服务他人

服务他人是指在人际交往的过程中，个体所体现的为别人提供热情、周到、主动服务的意愿和努力。

培养服务意识，要小心常见的 5 个误区：

（1）担心遭到拒绝：由于以往曾经遭遇过他人拒绝而造成的心理障碍。的确，有些个体自主意识特别强，或者是有自闭症状，不喜欢被别人服务。但这种人所占比例不大，其他大多数个体还是愿意接受主动服务的。退一步想，即使遭到拒绝，由于是善意的，他人通常也不会见怪的。

（2）担心服务不好：由于对自己要求过高，或者缺乏自信所造成的。其实，对方的要求未必像自己的要求那样高，多数个体首先会看服务态度，而不仅是服务能力。一个人的知识和能力总归是有限的，可以借助团队的力量帮助他人解决问题，甚至可以请其他客户帮忙，只要愿意，总能把服务他人的事情做好。

（3）担心别人嘲讽：由于担心有所表现而令他人不舒服，或者遭到他人嫉妒。其实，只要是出于善意，他人总会认可的。只要坚信自己是对的，不要被别人的看法所干扰，旁观议论的人很可能会成为追随者。

（4）感觉心里委屈：由于心里不平衡所造成的。本来人人平等，为何我要服务别人，而别人被我服务呢？这是很多人在服务意识尚未真正建立之前的一种正常心理活动。其实，帮人更是帮自己。试想一下，如果周围有一个人总是获得他人的帮助，却从来不去考虑帮助他人的话，时间一长，他人还会愿意再继续帮助他吗？相信大多数人都是有情感、有头脑的，既然人人都知道这个道理，那么付出也就不会白费了。

（5）厌恶服务对象：喜欢谁才接近谁，讨厌谁就远离谁，这在日常生活中很普遍。但是，在工作岗位上，如此看客下菜的做法严重违背了一视同仁的普遍服务原则。要想克服这种心理障碍，必须让自己的心胸宽广起来，才能容纳各类人。

实践指导：服务他人的 7 个加速器

1. 相信他人的善意本能：心理学领域的研究揭示，经验表明，大多数人的内心深处都拥有对善恶是非的本能察觉，我们称之为良知。要相信他人的良知。

例如，主动真诚的微笑：问候"早上好"，一定会得到更多的微笑回报。

2. 关注他人的积极动机：看待问题总有不同的视角，也会造成个体不同的内在感受、意愿和想法。发现、识别并关注对方潜在的积极因素，我们会更有动力发起服务尝试的过程。

例如，练习如下思考："其实，他很想做好，一直在努力……"

3. 识别他人的敏感需求：要小心"好心办坏事"的陷阱。发挥同理心，理解他人的内在感受、经验和想法，可以帮助我们以适宜的行为发起服务的尝试。

例如，练习如下思考："他需要什么帮助吗？他希望我做点什么？"

4. 梳理自身的情绪状况：服务他人是自愿自发的努力，只有保持良好的心理状态，在积极的心理情绪下，才能够发起并坚持积极的行为表现。

例如：充足睡眠，保持积极情绪等；如果感到压力大，就先放松一会儿。

5. 关注有所贡献而不是眼前得失：服务他人意味着付出和给予，并相信由此能够引发的良好人际互动过程。

例如，练习如下思考："我可以提供什么帮助？我如何能更好地帮到对方？"

6. 关注细小行为的尝试：从细节入手，将良好的意愿落实到行动上，敏锐观察，不断调适。

例如：一句细微之处的认可和鼓励，一个温暖安慰的肢体语言。

7. 乐于提供相关配套服务：在与别人的接触过程中，询问或发现机会，主动提供进一步的相关支持。

例如："您还需要什么？还有什么需要我做的吗？"

思考与练习

（1）在工作情境中，借鉴上述指导，发起 3 次服务他人的尝试。

（2）服务他人的尝试产生了什么影响？我的收获是什么？

（3）我的潜在行动是什么？

关键行为汇总

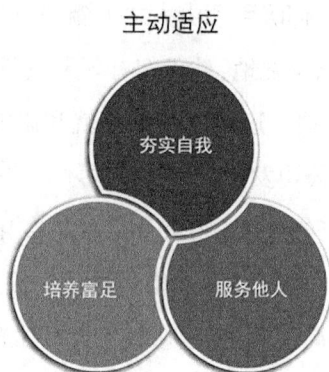

主动适应

夯实自我

培养富足　　服务他人

第三节　和睦相处

资料导读：学习硅谷如何吸引顶尖人才（摘选自《经济观察报》）

作为知名高科技公司云集之地，硅谷拥有苹果、思科、谷歌、惠普、财捷公司、甲骨文和雅虎等顶级 IT 公司，这些公司的成就和影响力已经远远超越旧金山湾区。但真正带动硅谷 IT 公司发展的是各种人才，这是一个令人称叹的群体。一项最新调查显示，高科技公司建立和培养的独特文化是硅谷成功的秘诀之一。软件即服务供应商 Workday 公司首席战略信息官史蒂文·约翰用海岛生物作比喻，"硅谷如同塔斯马尼亚岛或马达加斯加，这儿的生命形态与其他地方不同。"研究发现，在员工和企业文化管理方面，硅谷高科技公司及其主管们特别擅长管理以下 5 种看似矛盾的现象。

1. 闲散—但随时准备行动

从随意的穿着到咖啡店内随处可见的闲逛者，凡是到硅谷参观的人，无一不对加州这种固有的闲散生活方式印象深刻。然而，在闲散生活方式的背后是疯狂的产品开发速度和严苛的交付期限。很多公司产品研发周期都是以周来计算的，而不是月。真正驱动硅谷公司发展的，是强调快速完成任务而非纠缠于每个潜在的瑕疵。Facebook 墙上标语"完成胜过完美"即是对该种态度的总结。试验、渐进式、迭代创新往往受人追捧，人们并不提倡在项目之初就搞定一切。在硅谷，常见的口头禅是"行动，试验，改进"。在硅谷，快速而敏捷地决策胜过缓慢、按部就班得来的共识，建立一个快速反应、勇于承担风险的企业文化以及快速的产品研发流程至关重要。位于奥克兰旧金山湾东部的高乐氏公司首席信息官拉尔夫·劳拉表示，"我们奉行的是，先迅速拿出一个初步方案，然后从中吸取经验教训，并在下一阶段完善它。"

2. 忠诚——但独立

硅谷到处都是敬业的专业人士，他们经常长时间在办公室和办公室以外的地方工作。71%的受访者表示出对雇主很高的忠诚度，这一比例远远高出其他地区。其实，他们较高的忠诚度更多源于对工作本身及同事的热爱，他们的奉献精神源于对技术未来前景的憧憬和执着，相比之下，为之效力的公司只是实现这一伟大事业的载体。这也是为什么硅谷人随时准备跳槽的原因，特别是面对那些与顶级人才合作的工作机会时。硅谷人更像自由的合同工，在不同工作间转换。这就使硅谷成为一个具有高度流动性的人才库。有些CIO（首席信息官）还会有意地将外部客户的观点引入工作中。巴斯克·伊耶2011年加入瞻博网络，担任CIO一职。他有时要求工程师进行换位思考，"如果他们以后成为某家公司的CIO，会购买哪个公司的产品。"伊耶认为，这个方法可以避免内部视角带来的局限，工程师们可以更客观地看待产品。

3. 竞争——但合作

虽然硅谷高科技公司之间、硅谷人之间经常是无情的竞争对手，但他们之间的合作也无处不在。硅谷人非常注重团队合作。相比其他地方的人士，硅谷人在选择工作时更看重未来的合作者是谁，这会在一定程度上影响他们的决定。与公司以外的人士交流也非常重要。积极参加开源项目的硅谷IT人士是硅谷以外地区的两倍多。硅谷的这种协作氛围还得益于硅谷人积极培养和加入同行人脉网络的习惯。大部分受访者认为，相比其他地方的IT人士，与机构内外同行联谊是硅谷人获得成功的重要因素。脸谱CIO蒂姆·坎波斯肯定了这种人脉关系的重要性："这是头等要求，我能在公司内完成任务，因为我知道在公司外找谁帮忙。"在硅谷，人们往往依靠人脉寻找新工作，而非猎头公司。

4. 务实——但乐观

硅谷专业人士非常务实，因为他们深知成功来自无数失败。他们视失败为一个必经阶段，一个学习、成长和改进的机会。但是，在这种务实态度之外，硅谷人还有一种固有的乐观精神：竭尽全力，采用正确的方法和人才，大部分问题最终都能解决。务实且乐观的精神让硅谷从两方面受益。首先，为硅谷注入一股顽强的韧性和革新能力。在硅谷，人们失败后会立马站起来，拍拍尘土继续前进。其次，鼓励一种恪守谨慎的风险偏好。逾半数参加调查的高科技人士认为，自己的公司是高风险偏好者，而只有四分之一的非硅谷公司持此观点。正如脸谱首席执行官马克·扎克伯格所言，"不冒险就是最大的风险。这是个快速变化的世界，不冒险必定失败。"

5. 外在激励一且内在满足

在硅谷，巨大物质奖励激励着人们，但他们同时也深深被内在成就感所激励着。大部分硅谷 IT 专业人员认同挣钱对他们来说非常重要，但是大部分人也承认，他们宁愿薪酬少点，只要工作本身可能激励他们，帮助他们在专业领域成长，为公司创造价值。硅谷人注重智力激励，勇于接受挑战，用创意去解决困难，这就足以解释为什么存在这些相互矛盾的方面。近一半受访的硅谷专业人士说，他们在业余时间钻研技术项目是为了"获得乐趣"。

一位科技行业高管总结道："对员工说的第一件事就是，'伙计们，我有一个好活派给你们，一项能证明你们自己的工作。'"

"闲散，但随时准备行动；忠诚，但独立；竞争，但合作；务实，但乐观；外在激励，且内在满足。"五种看似自相矛盾的元素反映了硅谷独特的文化氛围，吸引顶尖人才，持续不断创新。和睦相处的目的在于聚集不同特长的个体，构建关系，鼓励协作，倡导创造性的发挥。独特的硅谷文化在人际互动过程中的体现，正是和睦相处的生动解读。

培养和睦相处的能力包括 3 个关键行为：构建共识、珍视差异和保持敏感。

一、关键行为 26——构建共识

资料导读：中美达成 49 条重要共识及成果（新华社电 2015 年 9 月 25 日）

美国总统奥巴马在白宫南草坪举行隆重仪式，欢迎国家主席习近平对美国进行国事访问。习近平在致辞时强调，合作共赢是中美关系发展的唯一正确选择。当天，习近平在华盛顿同美国总统奥巴马举行会谈。会谈后，两国元首共同会见记者。习近平主席访美期间与奥巴马总统举行了深入、坦诚的会谈。双方达成的主要共识和成果共达 5 项、49 条。成果清单（部分）：

经济：美方承诺，欢迎中国来美国投资。对包括国有企业在内的中国投资者保持开放的投资环境，给予和其他国家投资者一样的待遇。双方确认，各国不能实施或有意支持窃取包括商业秘密在内的知识产权的行为。双方确认，国家和企业不应以非法方式利用技术和商业优势来获取商业利益。

反腐：双方决定继续以中美执法合作联合联络小组（JLG）为主渠道，推进双方共同确定的重大腐败案件的办理。双方同意加强在预防腐败、查找腐败犯罪资产、交换证据、打击跨国贿赂、遣返逃犯和非法移民、禁毒和反恐等领域的务实合作。在追赃领域，双方同意商谈相互承认与执行没收判决事宜。双方将于今年年底前举行中美 JLG 有关会议。中国公安部将与美国国土安全部适时在美举行第二次部级会晤。双方欢迎最近通过包机遣返中国逃犯和非法移民，并将继续开展这方面的合作。

交流：中方宣布 3 年内将资助中美共 5 万名留学生到对方国家学习。美方宣布将"十万强"计划从美大学延伸至美中小学，争取 2020 年实现 100 万名美国学生学习中文的目标。双方支持大学智库合作，每年举办中美大学智库论坛，在两国大学和教育机构间加强合作并推动公共外交项目。双方将支持每年举办中美青年创客大赛。双方宣布 2016 年举办"中美旅游年"。

两个国家之间的外交需要以构建共识为起点，而个人之间的互动过程也需要遵循同样的原则。与此同时，构建共识还为珍视差异奠定了坚实的基础。

构建共识的行动要点包括：明确目的、制定规则和混乱聚焦。

1. 明确目的

目的是指个体做事情背后内在的根本原因，做事情的初衷，也就是为什么要做这件事。比如，锻炼身体是为了保持健康，学习外语是为了出国深造等。明确目的是指通过分享、澄清不同个体的初衷，深入讨论，形成大家共同的认识。

实践指导

（1）明确利益关系人及需求

列出合作相关各方的名单，确保完整。通过问卷调查、行为分析和假设论证，汇总各方需求。

（2）探求共同的兴趣点

分析需求汇总，借鉴"关注兴趣优先于关注立场"的双赢谈判方法，拓展合作各方共同的兴趣点。

例如：傍晚，一对情侣准备外出用餐，男孩说："我们去中餐馆吧。"女孩说："我想去西餐厅。"男孩说："中餐味道好，还是中餐吧，你一定喜欢。"女孩说："西餐环境好，去吃西餐。"接下来，应该怎么办呢？

很明显，两个人最初的想法不同。如果关注各自立场，就会各执一词。然而，如果此时男孩能够由关注立场转向关注兴趣，就可以试着这样问："我们今晚出去玩，都想要什么？"很可能接下来两个人会讨论到浪漫氛围、美味佳肴、经济实惠、二人世界等一系列话题，最后，也许开车去野餐，也许去个老地方，也许拜访朋友，也许就在家中搞个小聚会，也许还会收获意外惊喜，关键是两个人都很开心。

（3）为候选因素排列优先顺序

比较汇总上来的各个共同兴趣点，评估不同候选因素的敏感程度，按照重要性从高到低加以排序。

（4）形成共识草稿

用一段文字或适用的象征物概括共同讨论的最初收获，完成共识草稿。值得强调的是，在探讨过程中逐步形成的、大家头脑中的共同认识，体现了构建共识的真正价值所在。

（5）定期回顾与精制

持续回顾、解读和修订合作共识。通常在合作初期会比较频繁，以不同的形式、通过大量的合作互动得以强化。在发生内部冲突、巨大外部变化和制定关键决策时，合作共识的回顾和精制尤为重要。

案例：卓长仁劫机案谈判始末——中韩交往的一次破冰之旅

从沈阳飞往上海的 296 次航班被卓长仁等 6 人劫持，最后在韩国东北部江原道迫降。虽然当时两国尚未建立外交关系，但是从 5 月 5 日案发到 5 月 9 日结束谈判，短短不到一周，双方就稳妥解决了这一事件。就卓长仁劫机案谈判过程及其影响，《瞭望东方周刊》专门访问了当时担任中方工作组翻译的外交部退休官员蒋正才。

1983 年 5 月 6 日下午，我突然接到部里电话，要我赶快去一下。那时还不知道怎么回事，到部里才知道有架飞机被劫持到韩国去了，要赶快弄回来。部里交代我们，要注意政策，任务就是把人和飞机要回来。抵达韩国后，从机场去酒店，陪我坐车的是韩国外务部亚洲局局长，在路上他一个劲儿地跟我说："蒋先生，你看我们两个国家离得这么近，在历史上又那么多往来，现在这样是不是不正常？"我感到很难答复，以我一个民航局翻译的身份，能说什么呢？只好微笑不答。但是他反复说，我觉得自己再什么也不说就不礼貌了，只好说："你说得对，但是这个事情得水到渠成、瓜熟蒂落，我们还是顺其自然吧！"

开始谈判后，一共有两个难题，第一个是卓长仁的遣返问题。因为这里牵扯到台湾，他们的顾虑我们也能理解，但是不能妥协。我们要求引渡，他们认为要按照《海牙公约》，飞机降落地国家对劫机犯也有管辖权。实际上，有关劫机问题的几个国际公约都不是很明确，双方就激烈地辩论。我们最后考虑，主要还是要把飞机和乘客带回中国，如果僵持在这个问题上，夜长梦多。于是就把这个问题先挂起来，保留就引渡劫机犯问题进行进一步交涉的权利。这样，其他就没有什么困难了。没想到韩国提出签一个书面的东西。他们提供了一份文件，里面有 9 处提到"大韩民国"，这时困难就来了。因为我们当时还没有承认这个国家，不好使用这个名称。这个问题成为谈判的关键。

谈判到最后一天，给我留下的印象实在太深刻了，其实谈到这时，不是在谈劫机问题，而是外交问题。要把"大韩民国"写入文件，这么大的事情当场怎么能决定？争论无果，韩方负责谈判的孔鲁明急了。他身材高大，自称是孔子后裔，很有外交家气质。他说："我当主人请你们吃饭，安排了这么多事情，你们总得感谢我吧！总得有点表示是吧？"他用了一个词，韩国叫"礼让"，我在朝鲜没听过，一下就愣住了，这是什么意思呀？孔鲁明急了，大声说："礼让！礼让！"干脆把这两个汉字写了出来。这样我们才懂了。双方就这么磨，到了吃晚饭的时间，只好约定吃完再谈。

我们内部商量，既然强调遵守国际公约处理这一事件，就要承认它是个国际法主体。如果不承认他的国号，逻辑上说不过去。最后决定尽量把"大韩民国"删下去，只在代表团团长签字的地方留一个，出现这一次，这样就考虑了对方的感受，而我们最后也用的是中国民航的落款。他们一看，还是写上了一个"大韩民国"，非常高兴。在这份备忘录上签字后，谈判基本画上了句号。除了比较好地处理了劫机事件以外，这次最主要的收获就是双方直接见了面。韩国方面一开始就希望通过这次事件和我们有个正式的外交接触，这个目的也算达到了。

思考与练习

（1）选择在工作中负责的一项合作事宜，练习明确合作目的的探讨。

（2）对合作产生了什么影响？我的收获是什么？

（3）我的潜在行动是什么？

2. 制定规则

规则是指规定出来供大家共同遵循的工具、流程和制度。例如，任务、权限和责任如何分担；可以做什么，不可以做什么；什么样的行为是允许的，什么样的行为是禁止的；什么时候、以什么方式、分享什么信息等。

实践指导

（1）在紧密联系合作目的的基础上，明确预期的结果，包括：完成什么？什么时候完成？完成的标准和程度？过程中的关键节点有哪些等。例如，5月31日前，完成新项目的设计框架初稿（包括设计理念、项目草图和设计说明）。其中，每周确保一次不少于60分钟的设计见面会。

（2）明确指导方针，涉及行动流程与准则、敏感因素说明和要点强调等。例如，我们设计的业绩公告牌每周更新，并符合以下标准：反映主要成果的达成状况，明列关键举措的执行状况，揭示不同成员间的业绩对比等。特别强调，达成程度要以数字量化说明为准。

（3）明确资源状况和使用说明：明确资源状况，有助于帮助每一位成员为合作进程提供分析建议；明确使用说明，有助于减少冲突，促进相互配合。例如，目前的项目预算有 20 万元，审批权限和申请方式如下……

（4）明确合作过程的跟进方式，包括：什么时间？什么频率？什么形式？如何文件存档等。例如，每周五下午跟进一次，实地考察并填写考察评分。每周考察报告以电子文本的方式存档，统一在公共盘 A 区公布、备查。

（5）明确合作各方的权限和责任，包括明确利益分配、损失承担或违反约定的相关责任与权利。同时，注意进行必要的详细说明。例如，合作利益和损失承担按 2∶1 的比例分配；违约责任为 10 万元。详细说明如下……

思考与练习

（1）选择在工作中负责的一项合作事宜，练习制定规则的探讨。

（2）对合作产生了什么影响？我的收获是什么？

（3）我的潜在行动是什么？

3. 混乱聚焦

在互动过程中，以共同的目的和规则为指导，为了促进创意的产生，加深探讨，我们需要鼓励合作各方各抒己见，甚至有意识地拓展相关可能性的讨论。混乱聚焦是指在混乱中确保聚焦，在鼓励碰撞的过程中，不陷于混乱，也不苛求条理，灵活地引导讨论进程。有时，我们可以形象地称之为"有聚焦的混乱"。

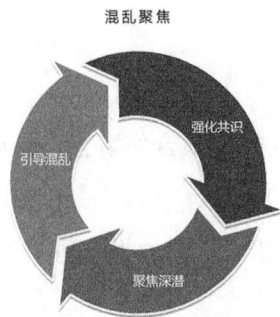

混乱聚焦

强化共识

引导混乱

聚焦深潜

行动指导：让 3 个要素跳起舞来

（1）要素 1 强化共识：回顾共识，解读规则，寻求反馈确认。

● 在构建共识的基础上，回顾和更新利益关系人及其需求

● 鼓励互动探讨，凝聚共同的协作初衷

● 回顾协作规则，强化互动协作预期的结果

● 确立全局观，联结项目背景的大画面

● 投入互动探讨时间，并且明文记录共识成果

（2）要素 2 引导混乱：激发、汇总更多想法。

● 一次一人发言，不打断同伴

● 首先认可新想法，而不是加以评判

● 鼓励不合理的假设

● 记录新想法

● 邀请每一位同伴发言

（3）要素 3 聚焦深潜：收敛、深潜有趣的议题。

● 针对具体议题深入探讨，即深潜

● 记录随时出现的新想法

● 回顾合作目的和规则

● 集体投票，甄选有趣的议题

● 记录形成的初步方案

混乱聚焦的具体实践并不是有序的步骤，而是把握上述 3 个关键要素，保持灵活，在混乱中聚焦讨论，拓展创意。

思考与练习

（1）选择在工作中负责的一项合作事宜，在讨论过程中练习混乱聚焦 3 要素。

（2）对合作产生了什么影响？我的收获是什么？

（3）我的潜在行动是什么？

二、关键行为 27——珍视差异

自我分析：珍视差异自测题

（1 从不 /2 偶尔 /3 有时 /4 经常 /5 总是）

● 当我听到不同的意见时，会让他详细阐述自己的想法。

● 出现分歧时，表达自己的意见比顺从大多数人的意见更加重要。

● 我经常和与我持不同意见的人共同工作。

● 我试图利用他人的知识和技能来更好地完成任务。

● 我发现由不同背景的人组成工作小组非常有益。

● 我深信每个人都以独特的方式为自己的家庭和组织作出贡献。

● 我积极寻找机会向他人学习。

● 我与他人分享自己的观点，尽管我们的观点有所不同。

● 致力于某个项目时，我寻求不同的想法和意见。

● 参与创造性工作时，我倾向于大家开动脑筋，而不是依赖专家的意见。

思考与练习

（1）我的 3 项优势是什么？

（2）我的 3 项短板是什么？

（3）我的潜在行动是什么？

珍视差异的行动要点包括：突破木桶原理、关注他人优点和主动尝试变化。

1. 突破木桶原理

传统的木桶原理是指一块短板会减少整只木桶的承载水量。如果个人的成就如同木桶的承载水量一般，那么个人的缺陷就像是那块短板，会影响个体的成就。因而，弥补短板是个体成长的关键所在。遵循木桶原理，可以促进个体的日益完善。有趣的是，"偏执狂可以改变世界"这样的讨论，也正在吸引越来越多的注意力。

资料导读：只有偏执狂可以改变世界（摘选自《信息时报》）

美国苹果公司前 CEO 史蒂夫·乔布斯辞世后不久，一部拍于 12 年前的老片《硅谷传奇》（*Pirates of Silicon Valley*）重新被翻出来，在网上悄然流行。影迷津津乐道于影片中讲述的世界两大电脑巨头"苹果"与"微软"的崛起过程，以及在这个过程中创新天才乔布斯和比尔·盖茨所表现出来的强大个性。

电影中盖茨和乔布斯的斗法其实只在最后一幕，之前用大量的时间和篇幅铺垫了两个人的成长历程，生动形象地塑造了两个改变世界的年轻人。在电影中，他们性格迥异，盖茨沉稳冷静，心机颇深，胆大包天甚至不择手段；乔布斯桀骜不驯，暴躁易怒，绝情极端。但是他们却又有着不可否认的相同之处——对未来的预见性，自信，对成功的渴望，他们都是伟大的预言家，也同样是偏执狂，有赌徒的心态也有实干的精神。电影让人不禁想起《社交网络》中的马克·扎克伯格，会发现他们身上有何等惊人的相似。我们不得不承认，虽然我们被无数的心理学、成功学教导要如何改变自己去适应社会，但事实是，这个世界其实是由偏执狂来改变的。在最后一幕，电影定格在两个年轻人同时凝望着前方，这一刻让人无限唏嘘。

的确，弥补短板有助于完善自我，发挥一招鲜则有助于表现非凡，两者并不矛盾。不过，真正值得我们关注的是，当多位个体有机会一起合作时，各取其长，同时用同伴的长项弥补自身的短板，那么，整体协作的产出的确有可能超越预想。

联结实践：在当前工作中，我有什么一招鲜？我准备怎么发挥？

2. 关注他人的优点

每个人都有自己的长处和短板。如果看到的是短板，则发现的是前进的障碍；如果看到的是长项，则发现的是潜在的机会。值得强调的是，关注他人的优点要从关注自身的优点开始。在工作中，如果我们能够进一步关注周围不同个体的特长，开放交流，拓展人脉关系，结合自身特长的发挥，绩效表现一定会如虎添翼。

3. 主动尝试变化

随着不断的努力和事业的发展，工作中的个体会不经意间形成自己的舒服圈。比如，喜欢的工作环境、习惯的处理方式和熟悉的工作伙伴等。主动尝试变化意味着不能墨守成规，变化给人带来压力，而主动尝试变化就像冲浪者一样，在压力下激发自身更好的表现。主动尝试变化需要避免盲目试错，可以通过总结个人经验，或者借助他人的经验、反馈和指导拓展思路。

案例：只愿拉磨，不肯尝试的驴子

动物们要举行一场联谊会，狐狸秘书对驴说："你的嗓门高，来曲独唱吧。"驴说："我不去，我唱得很难听。"狐狸说："那你去试试做主持人吧。"驴说："我不去，我形象不好。"狐狸说："那你干什么？"驴说："我只拉磨。"狐狸说："好，你就去拉磨吧。"

老虎下山视察，看到其他动物都在玩，只有驴在拉磨。老虎顿时赞不绝口："有这样勤奋的员工，是我们动物王国的幸事！"狐狸秘书对老虎说："驴很勤奋没错，但是，早就推广更好的新方法了，他不肯学，还按原来的方式拉磨。"老虎一看，果真如此，不禁摇头叹息。

驴发现墙头上有一簇青草，非常眼馋，可又吃不到。这时，它发现墙角有把梯子，但驴怕搬来梯子后，需要羊帮忙扶梯子，一是和羊不太熟，二是不愿意与羊分吃青草，便干叫了几声放弃了。

年终大会上，驴又一次没被评上"劳模"。驴委屈地向狐狸秘书申诉："为什么我最勤劳、最辛苦，却年年评不上先进？"狐狸笑着说："是啊，你拉磨的本领无人能及。可是，你只愿拉磨，不肯尝试变化。"

行动指导

- 以不同的方式召开会议
- 试用新技术、新工具
- 主动认识陌生的公司同事
- 积极参与新项目的尝试

● 乐于参与跨部门的讨论

● 扩展本专业以外的学习

思考与练习

（1）与上级或熟悉的同事预约一次谈话，主动征询他们对现有个人表现的反馈。

（2）在当前工作中，我计划尝试的一个改变是什么？

（3）产生了什么影响？我的潜在行动是什么？

三．关键行为 28——保持敏感

资料导读：敏感者的处方单（摘选自《屈服的狂喜》）

在社交场所，在人群里或与人共事时，敏感者容易受周围情绪气氛的影响。处于充满爱意和祥和的环境中，敏感者的身体会吸收这些能量而变得活跃；相反处于消极的环境中，他们则会感觉疲惫，充满攻击性。对容易受周遭影响的人来说，他们必须学会保持情绪稳定。《屈服的狂喜》一书中写到的 11 条策略能帮助你更有效地处理敏感：

1. 走开：可能的话，从可疑的干扰源走开至少 20 英尺，看看是不是舒服多了？不要因为不想冒犯他人而勉强自己。在聚会上不要挨着"能量吸血鬼"坐。身体上的亲近会增加你的共鸣。

2. 关注呼吸：感受自己的呼吸。如果你怀疑自己正在受别人影响，那么就用几分钟来关注你的呼吸。这有利于你集中并感受自己的力量。与之相反，屏住呼吸会使负能量在体内堆积。想象一下，不健康的情绪像一阵雾霾离开你的身体，取而代之照进了纯净的健康之光——这种想象能即刻产生效果。

3. 游击式冥想练习：聚会之前先冥想一下，集中注意力，感受精神，感受内心。这样你就能变得坚强。如果在某一场合遇到了情绪或身体上的压力，迅速作出反应，冥想几分钟。可以在浴室或空房间进行，冷静下来感受积极的力量，感受爱。

4. 设立范围和界线：为自己设立健康的范围和界限。与充满压力的人待在一起时，控制聆听的时间，学会拒绝。在自己与他人之间明确地划清界限，一旦他们开始产生负能量就将其拒之门外。记住，拒绝就足够了。

5. 假想保护：设想身边的保护。研究显示，设想是一种治愈身心的技巧。健康医师应对棘手的病患以及其他许多人都会采用这一实用的方式。比如假想有一束白光围绕周身，或者在与情绪重度污染的人待在一起时，设想有一辆警车正在巡逻，随时确保你的情绪场不被入侵。

6. 保卫情感需求：明确并尊重自己的情感需求。情绪冷静集中的时候，列出你情绪波动最大的五个场所，然后设置一个能帮你在这些场合控制情绪的计划。

7. 说"不"：当有人对你索求太多，礼貌地说"不"。没有必要解释拒绝的理由，正如谚语所说："No 就足够了，去用它。"

8. 限时：如果你社交时保持舒适的时限最多为 3 小时，即使是与你喜爱的人在一起，那么，想办法自己开车，或者独自干点别的，这样你的心情就不会受到影响。

9. 摄入高蛋白食物：如果人很多，在去之前先吃好一顿高蛋白的餐点，坐在远点的角落，千万不要坐在中心。

10. 呼吸新鲜空气：有些移情者对香味极度敏感。如果你也对香味敏感，比如香水，那就要求你的朋友与你在一起时不要使用。如果不能避免，那就到窗户附近吸收户外的新鲜空气来缓解一下。

11. 洗个热水澡或淋浴：如果以上方法对你都没有作用，那回家后来个热水澡或冲个淋浴。一天的忙碌后，沐浴能带给我们解脱。无论是舟车劳顿还是从他人身上接收到的焦虑，一切都会随着水流消失得干干净净。

"敏感者的处方单"可以帮助社交敏感的个体不被压力和负能量所困扰，11 项切实可行的应用，您在不知不觉中一定已经在做。保持敏感强调当我们在与他人互动时，面对外部的区别、变化、不适甚至干扰，要在调整自我的同时仍然保持开放和灵敏，尤其是当我们希望促成合作时。保持敏感可以帮助我们针对不同的情境氛围或个体情绪调整自身的行为，而"敏感者的处方单"为我们提供了一套与他人和睦相处的安全阀。

实践指导：保持敏感的 7 个加速器

1.收集信息。例如，"什么情况？还有什么？"

2.注意观察蛛丝马迹。例如，"详细情况是什么？有哪些特别之处？"

3.借助直觉判断。例如，"感觉怎么样？有什么不寻常的吗？"

4.拓展人脉网络。例如，"找谁再问问？还有谁与此相关？"

5.确保置身事外。例如，"挺有意思的，看看再说。"

6.考虑文化背景和个体偏好。例如，"他从哪来？有什么不同吗？"

7.小心面对"政治敏感"。例如，"谁是焦点人物？有什么敏感话题要小心吗？"

思考与练习

借鉴保持敏感的 7 个加速器和"敏感者的处方单"中的 11 项，分析个人现有表现。

（1）我的 3 点强项是什么？

（2）我的 3 点短板是什么？

（3）我的潜在行动是什么？

关键行为汇总

和睦相处

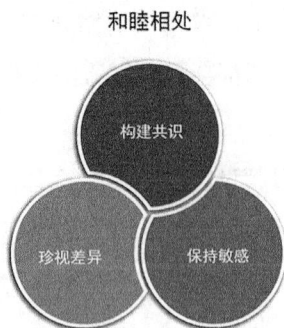

构建共识

珍视差异　保持敏感

第五章
社交协作

　　情商素质维度——社交协作，强调在自我管理和社交意识的基础上，善于构建期望的互动关系，影响他人，促进协作成果与创新。需要培养的情商能力包括激发信任、领导他人和达成结果。

10 分钟自测问卷：我的——社交协作能力有多高？

请从下面的问题中，选择一个和自己最切合的答案。

（1 从不 /2 几乎不 /3 一半时间 /4 大多数时间 /5 总是）

1. 我擅长说服，善于赢得支持。

2. 我调整情绪和表达方式以吸引听众。

3. 我运用间接影响，制造声势和舆论，努力赢得他人的支持。

4. 我策划引人注目的事件，以说明问题的要点。

5. 我与人交流意见时卓有成效。

6. 我在调整自己情绪的同时，敏于察觉对方的情感状态。

7. 我直截了当地处理难题。

8. 我注意倾听对方意见，努力促进相互理解。

9. 我愿意共享信息。

10. 我鼓励开诚布公的交流，无论是坏消息还是好消息都能坦然面对。

11. 我老练巧妙地与强硬难缠的对手周旋。

12. 我善于应对紧张局势。

13. 我能够觉察潜在冲突。

14. 我把分歧摆在桌面上。

15. 我设法减少冲突。

16. 我鼓励提出异议，进行公开探讨。

17. 我鼓励大家团结一致。

18. 我激发团队对共同目标和使命满怀热情。

19. 无论身处什么岗位，我都随时作好准备承担领导职责。

20. 我让员工学会负起自己的责任。

21. 我以身作则。

22. 我意识到变革的需要，为变革扫清障碍。

23. 我敢于挑战现状，承认存在变革的需求。

24. 我引领变革，赢得他人支持。

25. 我在变革时会考虑众人期望。

26. 我培养并保持广泛的人际关系。

27. 我营造友好、合作的氛围。

28. 我善于抓住机会，推动彼此间的合作。

29. 我善于把团队成员团结起来，积极热情地共同参与工作。

30. 我努力构建尊重、互助与合作的团队特性。

（答案 12345，从左至右分数分别为：1 分、2 分、3 分、4 分、5 分）

总计得分：_____。

思考与练习

（1）我的 3 项优势是什么？

（2）我的 3 项短板是什么？

（3）我的潜在行动是什么？

资料导读：不是下属太笨，而是老板方法不对（摘选自《哈佛商业评论》）

推动改变是一种非凡的能力，研究机构通过对 559 名领导的 2852 名直接下属进行调研后发现，有 7 种方式真的能帮他人作出改变：

1. 激励他人

激励他人转变时有两种方法，笼统概括为"推"与"拉"。有些人会直接强制性告诫他人需要作出改变，不厌其烦地督促他们，有时甚至会警告他们拒绝改变的后果。这种督促改变的方式是典型的"在背后推"。"拉"可以替代"推"。比如，与他人一起制定一个宏伟目标，探索达到目标的不同渠道，并寻求向前推进的最好办法。当你识别出他人想取得的目标，并且将它与你想促成的改变建立起联系时，这种手段最有成效。在很多工作情景下，另一种有效手段是：与员工建立有力理性的联系，并由此向他解释为什么想让他作出改变。

2. 识别问题

很多管理提议都关注如何让员工提高解决问题的能力，但是在此之前还有更重要的一步，即识别问题的能力：看清需要变革的局面，并预知潜在的陷阱。比如在一家公司经常能听到员工的危机处理能力被传播表扬，"在临危之际拯救某个项目，或把一个被延误的产品及时地交付到客户手中。"一位新任高管认识到这个模式是个严重的问题。她没有把这种现象视为勤劳工作的迹象，而是准确地看出这是工作流程出问题的征兆。

3. 明确共识

一个农民如果想要翻耕出笔直的犁沟，他会选定一个远方的参照点，然后不断地对准那个方向前进。当每个人的眼睛都看向同一个目标时，提倡变革的效果最好。因此，当你提出改变时，如果一开始就阐明这种改变的战略性意义，那此后的讨论会更富有成效。

4. 挑战规则

要作出成功的改变，领导者往往需要挑战标准做法，想办法与陈规旧矩周旋，甚至要挑战那些被奉若神明的制度。擅长推动改变的领导者甚至敢于挑战那些看似不可动摇的规则。

5. 赢得信任

这不仅能真正地提高你的判断力，还能改善他人对你的决策的看法。一个优秀的领导者在制定决策前，会先从多个来源收集数据，并征求那些可能会有不同看法的人的意见。他们能够意识到，询问他人的意见是对自己自信和力量的佐证，而并不象征着软弱。如果一个领导者所作的决策能获得下属信任，那他改变公司的能力也会节节上升。相反，如果别人都不信任你的判断，那他们会很不情愿作出你想要的改变。

6. 拥有勇气

亚里士多德说："在这个世上，如果你没有勇气将一事无成。勇气是仅次于荣誉感的最伟大的品质。"诚然，身为领导者，在制订计划、招聘新员工、改进工作流程、追求新的产品创意、执行整顿、发表演讲、传达不良反馈或者投资新设备时都需要勇气。我们有时会听到人们抱怨："噢，这样做我很不舒服。"但根据我们的观察，领导者应该做的很多事情，尤其在引领变革上，都要求忍耐不适感。

7. 重视变革

牛顿热力学定律中的一条是：静止的物体会保持静止。慢下来，停滞住，保持不动，这并不需要努力，自然而然就发生了。很多为改变作出的努力之所以失败，是因为它们没有被视为当务之急。想要变革成功，应该清除掉与之竞争的优先事项，并专注于引领变革。能做到这点的领导者每天都会专注于改变，仔细地追踪进程并鼓励他人。

社交协作的发挥需要以社交意识的培养为基础，同时，协作各方也需要通过发挥自我意识和自我调整，不断完善有效的自我管理。

第一节　激发信任

《纽约时报》的专栏作家托马斯·弗里德曼（Thomas L.Friedman）是美国公认的最有影响力的新闻工作者，他在 2006 年的畅销书《世界是平的》中写道："平的世界是围绕各种各样的合作关系产生的，而合作关系背后的基础就是信任。值得注意的是，恐怖分子摧毁文明世界，寻找的软肋就是我们的信任。"

信任，只是一种关系，然而却有极大的价值，也可以说是一种资产。人际信任的经验是由个人价值观、态度、情绪以及个人魅力交互作用的结果，是一组心理活动的产物。信任是社交互动过程不容忽视的敏感因素，我们都有类似的经验：影响或说服一个信任你的人要更容易些。在社会科学中，信任被认为是一种相互依赖的关系，相互依赖表示双方之间存在着交换关系，无论交换内容为何，都表示双方至少有某种程度的利害相关，己方利益需要与对方合作才能实现。

1. 从潜在机会的角度看，对社交互动的对象给予期许和对其能力给予肯定，能够获得积极正向的结果，这效应被称为期待效应，或皮格马利翁效应（Pygmalion Effect）。皮格马利翁效应相信人们基于对某种情境的知觉而形成的期望或预言，会使该情境产生适应这一期望或预言的效应。该理论由心理学家罗森塔尔提出，"你期望什么，你就会得到什么，你得到的不是你想要的，而是你期待的。只要充满自信地期待，只要真的相信事情会顺利进行，事情就一定会顺利进行。"

案例：希腊神话——皮格马利翁的期望

皮格马利翁是希腊神话中塞浦路斯的国王，善于雕刻。他用神奇的技艺雕刻了一座美丽的象牙少女像，投入了全部的精力、全部的热情和全部的爱恋。他像对待自己的妻子那样抚爱她、装扮她，为她起名加拉泰亚。皮格马利翁向神终日乞求让她成为自己的妻子。面对如此热切的期望，爱神阿芙洛狄忒终于被打动，赐予了雕像生命，并让他们结为夫妻。从此，皮格马利翁和加拉泰亚幸福地生活在一起。

2. 从潜在风险的角度看，信任他人意味着必须承受易受对方行为伤害的风险，承担风险的意愿也是人际信任的核心。

案例：科学实验——囚徒困境

"囚徒困境（prisoner's dilemma）"是 1950 年美国兰德公司提出的博弈论模型。两个共谋犯罪的人被关入监狱，不能互相沟通情况。如果两个人都不揭发对方，则由于证据不确定，每个人都坐牢一年；若一人揭发，而另一人沉默，则揭发者因为立功而立即获释，沉默者因不合作而入狱五年；若互相揭发，则因证据确实，二者都判刑两年。由于囚徒无法信任对方，因此倾向于互相揭发，而不是同守沉默。囚徒困境反映了两个被捕的囚徒之间的一种特殊博弈，说明为什么甚至在合作对双方都有利时，保持合作也是困难的。

面对皮格马利翁效应的机会和囚徒困境的风险，激发信任的目的在于帮助我们关注信任在社交过程中的关键作用，并通过务实的尝试，激发信任的积极影响。

培养激发信任的能力包括 2 个关键行为：理智分析和情感投入。

一、关键行为 29——理智分析

信任仍需验证。信任的反面不是怀疑，而是过度的猜忌。如果仅是一厢情愿地相信他人而没有验证，将会导致危机或加剧信任滥用的情形。理智分析为信任的验证提供了实践指导。在发挥理智分析时，对一个独立的个体展开全面分析是一件非常困难的事情。无论从庞杂的信息量和多变的各种因素来看，还是从尊重个体和传达善意的初衷而言，操作起来挑战巨大。借鉴角色分析的经验，针对具体情境的局部评估，是一项切实可行的尝试。

例如：在招聘司机时，我们无须过于纠结对方是不是位好丈夫或者好儿子。我们只需要确认对方能够遵守公司的操作规范、保守商业机密和具备上岗资格，那么，他就是一位具备一定可信度的职业司机。我们当然希望他也是位好丈夫和好儿子，不同的角色、不同的情境也是紧密相关的，但是，从实际操作的角度讲，进一步延展详细评估的范畴并不现实。

理智分析的行动要点包括：评估个体的可信度、分析人际互动的言行和管理情感账户。

1. 评估个体的可信度

个体的可信度指的是一个人值得信赖的程度，更多地与个体的自身状况相关联，影响到人际互动过程中的言行。例如，在面试候选者时，我们与其只是初步接触，但是可以从他在业内完成过什么项目、具备哪些能力，包括工作意愿和个人的特质等方面的考量，作出适宜的判断和选择。

实践指导

聚焦个人状况评估，我们可以在以下三个层面对个体的可信度进行分析，包括结果、能力和善意。

（1）结果层面：针对具体情境，对方过去的数据怎么样？现在是什么情况？未来的趋势怎么样？

例如："能谈一谈您过往的工作业绩吗？目前的状况？下一步的发展是什么？"

（2）能力层面：针对具体情境，对方现有的知识、技能、经验、风格和思维与待办任务的能力要求匹配吗？适用程度怎么样？

例如："您有哪些相关经验？关于这类问题，您认为最关键的是什么？"

（3）善意层面：尝试澄清对方的良好初衷，是仅以自利为导向，还是能够以共同的利益为优先？通过和对方一起探讨个体行为表现背后的为什么以及个人决策背后的立足点，有助于更深入地洞察对方。值得注意的是，善意层面的分析需要结合感性的体会，而不是冷冰冰的理性评估。

例如："你如何评价？为什么这么做？对其他人有什么影响？"

自测题：从我做起个人可信度的自我分析（摘选自 《信任的速度》）

在读过问卷里每个部分的陈述之后，圈出最贴近你的情况的数字：1 代表你认为自己是上边所陈述的情况，5 代表你认为自己是下边所陈述的情况，2、3 或 4 代表你是处于上下中间的某个位置。

第一部分：

我有的时候用"善意的谎言"为自己开脱，不当地评价他人或错误地介绍情况，或编造事实以达到自己的目的。

1 2 3 4 5

我在各个方面都完全诚实地与他人互动。

有时候我会心口不一，或者做违背良心的事。

1 2 3 4 5

我总是说出自己的真实想法和感觉，我一贯言行一致。

我不太清楚自己的价值观是什么，对我来说在别人不同意的时候坚持主张很难。

1 2 3 4 5

我对自己的价值观很清楚，并且有勇气维护它们。

对我来说承认别人是正确的很难，也很难承认或许还有我不了解的情况，不会因此改变自己的想法。

1 2 3 4 5

我用真诚而开放的态度对待其他的可能性，接受新的观点，可以重新思考问题，甚至重塑价值观。

我在制定和实现个人的目标和承诺上有困难。

1 2 3 4 5

我能够一贯地实现对自己和他人作出的承诺。

第一部分的得分 ＿＿＿＿＿＿＿（最高 25 分）

第二部分：

我不会在乎别人，除了跟我关系最近的人。我不会去想自己生活所面临的问题之外的事情。

1 2 3 4 5

我真诚地关心他人，深切地关注别人的祸福。

我不怎么思考自己为什么做正在做的事。我很少或从不反省自己的动机。

1 2 3 4 5

我很清楚自己的动机，并尽力保证自己为了正确的目的做正确的事。

我在与别人打交道时，总是关注于得到自己想要的东西。

1 2 3 4 5

我积极地寻求使大家共赢的解决方案。

根据我的行为，多数人不一定认为我会考虑他们的利益。

1 2 3 4 5

别人根据我的行为可以清楚地看到我在考虑他们的利益。

我深信如果别人得到了某样东西(资源、机会、信用)，就意味着我没有得到。

1 2 3 4 5

我真诚地相信有足够的东西供大家分享。

第二部分的得分 ＿＿＿＿＿＿＿（最高 25 分）

第三部分：

我感觉自己的才智在现在的工作中没有发挥出来。

1 2 3 4 5

在工作中，我的才智和我所得到的机会完全匹配。

我没有足够的知识和技能来有效地胜任现在的工作。

1 2 3 4 5

我的知识和技能可以胜任现在的工作。

我很少花时间来提高自己在工作上或其他方面的知识和技能。

1 2 3 4 5

在我生活的所有重要方面，我不断地更新知识、提高技能。

我不太清楚自己的强项是什么，我更多地关注与改善自己的弱项。

1 2 3 4 5

我知道自己的强项，我关注的是怎样最有效地发挥优势。

到现在为止，我还不太懂得怎样才能建立信任。

1 2 3 4 5

我知道如何有效地建立、培育、传递和重建信任，并会有意识地这样做。

第三部分的得分 ＿＿＿＿＿＿（最高 25 分）

第四部分：

我没有很好的记录，我的简历敲不开任何公司的门。

1 2 3 4 5

我的记录完全可以给人信心，相信我可以完成任务。

我只做领导让我做的事。

1 2 3 4 5

我关注于取得成果，而不只是按要求做事。

在谈到自己的记录时，我或者什么都不说（避免给人自吹的印象），或者就是说得太多让人反胃。

1 2 3 4 5

除非有特殊情况，我都能完成在做的事情。

我做事经常半途而废。

1 2 3 4 5

除非有特殊情况，我能坚持完成在做的事情。

我不太关心如何取得成果，只要得到就好了。

1 2 3 4 5

我一贯以能够增强信任的方式得到成果。

第四部分的得分 ＿＿＿＿＿＿（最高 25 分）

问卷的总得分 _____（最高 100 分）

现在看看你得到的分数。如果你的分数在 90—100 分之间，说明你有高度的个人信用，具备良好的品德和能力。你关心他人，知道自己的能力并懂得开发和应用这些能力以取得最好的成果。总之，你感到自信，别人也会信任你。如果你的分数在 70—90 分之间，说明你还有一点信用的欠缺。这可能体现在比较低的自信，或某种程度上不能赢得他人的信任。如果你的分数在 70 分以下，你很可能存在更严重的信用问题。你应该仔细地分析一下给自己打分比较低的领域。

思考与练习

（1）我的 3 项优势是什么？

（2）我的 3 项短板是什么？

（3）我的潜在行动是什么？

2. 分析人际互动的言行

在中国文化中，人际交往的过程强调"听其言，观其行"，需要持续地观察、积累和分析日常人际互动过程中的言行。2006 年，中国青年出版社推出了史蒂芬·MR·柯维的畅销书《信任的速度》，书中归纳了激发信任人际互动过程的 13 项行为，并且针对每个行为的正面言行表现、反面言行表现和伪装言行表现分别进行了详尽解读。

分析人际互动的言行的实践指导：激发信任的 13 项言行

（1）直言不讳：把真相告诉人们，让大家了解你的立场，展示正直。

（2）体现尊重：真诚表示你的关心。尊敬每个人，哪怕是不能给你带来什么帮助的人。从小事中体现你的善意。

（3）开放透明：真诚、坦诚。不要隐瞒信息或进行"暗箱操作"。做到表里如一。

（4）纠正错误：犯了错要赶紧道歉。尽可能纠正错误。表现出谦卑的态度。不要文过饰非。做正确的事情。

（5）表现忠诚：把功劳给他人。不背后说三道四。对不在场者保持忠诚的态度，为他人辩护。

（6）实现目标：跟踪记录目标实现的进程。完成自己应该完成的任务。不要夸下海口然后无法兑现。不要为完不成任务而寻找托辞。

（7）不断完善：不断学习和提高能力。建立正式和非正式的反馈系统。对人们所提出的反馈表示感谢。就反馈意见采取行动。

（8）面对现实：勇敢面对困难。直截了当地处理棘手问题。有勇气展开对话。

（9）明确期望：公开期望，详细讨论。在必要时进行协商。确保期望明确。

（10）承担责任：让每个人都负起责任。无论结果如何，勇于承担。明确沟通每个人的表现情况。

（11）先聆听后发言：全身心地投入倾听。理解对方，耐心诊断，不要想当然，逐步发现问题。

（12）信守承诺：表明意图，付诸行动。谨慎作出承诺。信守承诺是个人信誉的标志。不要破坏他人对你的信心。

（13）传递信任：对已经赢得你信任的人，给予他们充分的信任。对正在赢得你信任的人，有条件地给予他们信任。不要因为有风险就吝啬你的信任。

思考与练习

（1）应用"激发信任的 13 项言行分析表"进行自我分析。

（2）我的 3 项优势是什么？我的 3 项短板是什么？

（3）我的潜在行动是什么？

3. 管理情感账户

我们可以将人际间的不同信任关系比喻成一个又一个的金融账户，称之为情感账户。账户的金额有多少的区分，而金额的增加是一个持续累积的过程。如果情感账户余额高，则意味着人际间的信任程度高，合作基础好；如果情感账户余额低，则意味着人际间的信任程度低，合作基础差。激发信任，需要管理好人际间的情感账户，在日常交往中不断存款，并且小心提款行为的发生。激发信任的 13 项言行正是我们日常存款的有效指导。

管理情感账户的实践指导

（1）人际互动过程中，不是在存款就是在提款。往往关系越密切，需要的存款就越频繁。

例如：不要忽视家人和重要工作伙伴的日常存款。

（2）从日常小事、点滴行动入手，实践日常存款。

例如：也许只是一封邮件提醒，也许只是晚餐上的一道菜。

（3）理解对方需求，以对方认可的方式存款。

例如：如果对方希望此刻能平静内心、整理思绪，而我们却一味地急于给出建议，那么，效果往往适得其反。

（4）持续存款，小心提款。

例如：彼此之间的信任是在长期的互动过程中逐步构建的，而一次不经意的欺骗、隐瞒或违约行为，很可能对信任关系造成难以弥补的伤害。

资料导读：5 种爱的语言为情感账户充值（摘选自《萨提亚完形催眠》）

情感账户这个概念是由美国心理学家威拉德·哈利（Willard·Harley）提出来的。将亲密关系中的相互作用比喻为银行中的存款与取款，存款是指让对方开心，感觉被欣赏、被肯定，或是做了一些让对方高兴的事。取款则是指让对方哭、受挫折、受痛苦，觉得被误解、被批评、被伤害。因为每个人都有一个情绪的爱箱，不同人的爱箱，需要不同的爱的语言来填满。查普曼博士发现人们基本上有五种爱的语言。

（1）肯定的言词：心理学家威廉·詹姆斯说过："人类最深处的需要，可能是感觉被人欣赏。感性的表达爱的方式之一就是赞扬的语句。很多人主要的爱的语言是口头的赞扬和欣赏式的话语。另外在你的伴侣缺乏安全感的地方和有潜在能力的地方，鼓励性的话语也会有意想不到的作用。

（2）精心的时刻：精心时刻的中心思想是"同在一起"，精心的时刻不是指你和伴侣一起坐在沙发上看电视，而是指给予某人全部注意力的时刻。主要爱语是精心时刻的人，更为在乎的是对方是否给予全部的注意力，全心全意和他一起做他喜欢的事情。比如两个人在不受干扰的环境中分享经验、思想、感觉和愿望。

（3）接受礼物：对于以"接受礼物"为主要爱语的人会认为礼物是一种能证明"他想着自己""他记得自己"的东西。他们认为礼物是爱的视觉象征，礼物本身的价格并不重要，他们看中的是礼物所承载的情谊。

（4）服务的行动：所谓服务的行动，是指做你的配偶想要你做的事情，你借着替他服务而使他高兴，借着替他做事来表示你对他的爱。为他做一顿大餐、帮他熨烫衣服，或许只是简单泡上他爱喝的茶。

（5）身体的接触：身体接触是沟通情感的一种方式。牵手、拥抱、接吻也是沟通爱情的有力工具。对有些人来说，身体的接触是他们的主要爱语，缺少了它，他们感觉不到爱。

思考与练习

（1）评估自己重要的情感账户余额。

（2）从对方的角度看，列出 3 项存款的行为。

（3）从对方的角度看，列出 3 项提款的行为。

二、关键行为 30——情感投入

情感状态会影响个体激发信任的不同偏好，并影响对被信任者可信任性的判断。情感投入是对之前理智分析的必要补充，两者相辅相成。认知性及情感性的元素同时存在于人际信任之中，如果只有情感而没有理性认知，信任就成了盲目的信心，反过来说，如果只有理性认知而没有情感性元素，则信任只是冷血的预测，因此信任通常是情感投入加理性分析的组合产物。

情感投入的行动要点包括：关注社会规范和肯于原谅。

1. 关注社会规范

关于社会规范与市场规范的探讨，来自麻省理工学院斯隆管理学院的年轻经济学家丹·艾瑞里（Dan Ariely）在他的著作《怪诞行为学：可预测的非理性》中有精彩的论述。简要概括，在从事社交活动过程中，人们同时生活在两个不同的世界里，一个世界以社会规范为主导，一个世界以市场规范为主导。在社会规范主导的世界里，充斥着美好的愿望，人与人的交往通常是友好的、界线模糊的、不要求即时偿付的。例如，你帮邻居带份报纸，不会要求对方明天也帮自己带一份；你帮旁人按下电梯按钮，我们和被帮助者都能感受到某种程度的愉悦。这种需求隐藏在我们的共同属性和社会需求里。

市场规范主导的世界就截然不同了，要求黑白分明、界线清晰、即时偿付，例如价格、租金、利润和成本。你买早餐时，如果少给一块钱，对方便不能卖给你。需要说明的是，以市场规范主导的世界并不就是卑劣的、丑陋的，这里孕育着独立、个体主义、竞争和创新。区分两个世界的不同，有什么现实指导意义吗？

实践指导

（1）识别不同规范的游戏

不同的世界，不同的游戏规范，请注意，在现实生活中不要搞错了游戏。一位年轻人非常熟悉市场规范的游戏。周末去女朋友家吃饭，女朋友的妈妈做了丰美的晚餐，年轻人非常感动，在告别的时候讲道："阿姨，太感谢您了！这是500块钱，希望您收下。"这下麻烦了，交女朋友肯定会成问题。在工作单位，到了月底，你拍着员工的肩膀说："兄弟，这里就是你的家。要不，这月工资先不发。"很明显，问题会很严重。大家出来工作是为什么，基础是用劳动换回报。两个世界，不同的游戏不能错位。

（2）发起社会规范的尝试

在现实生活中，社会规范与市场规范的两个不同世界是分不开的，往往裹挟在一起。关于这个问题，丹·艾瑞里的研究为我们揭示了现象背后的真知灼见：在现实生活中，一旦社会规范碰到市场规范，社会规范往往就会靠边站，没有道理可言，这反映了大多数人具备的非理性的心理特征。

案例：20 美金的律师服务

一所美国的老人协会计划聘请律师事务所的律师为老人作廉价的律师服务，因为 20 美金的时薪低于行业水平太多，结果没有律师愿意接单。有趣的是，当老人协会尝试邀请律师们来做义工时，大多数人都表示愿意。为什么呢？因为游戏转换到了社会规范的世界。

进一步探讨，您是否会想到，为什么聪明的律师们不选择同意收 20 美金同时又认为是在做义工，那岂不是两全其美吗？问题就在这里，人的非理性的心理特征是这样的："一旦拿到了 20 美金，做义工的美妙感受就会荡然无存了。"这一点没有道理可言。

上述现象能够给我们的实践带来什么启发呢？值得强调的是，我们既要有能力打拼好市场规范的游戏，同时千万别错过社会规范的美好。社会规范如此美好，只是太脆弱了。主动发起社会规范的尝试正是在激发信任的过程中发挥情感投入的关键所在。还记得"我和你"的关系与"我和它"的关系的本质区别吗？如果仅仅从现实回报的角度看待人际协作，那么对方只不过是我们争取更大利益的工具罢了。请小心"冷血预测"般的工具化的信任误区。

思考与练习

（1）在日常工作中，我注意到哪些发起社会规范的行为？产生了什么影响？

（2）我的潜在行动是什么？

2. 肯于原谅

宽恕他人会让自己心态平静，心存怨恨是一种"自残"行为，不要用他人的错误惩罚自己。肯于原谅强调始终相信并关注每个人都有社会规范的内在需求。激发积极的意愿，同时针对负面的行为给予直接的反馈或纠正。肯于原谅要从善待自己开始，既善于从错误中吸取教训，又肯于宽恕自己，不要让昨天成为今日的包袱。每个人都被别人伤害过，有些是琐碎的，有些是痛苦的，有些很可怕。肯于原谅能够帮助人们剥离往事带来的负面作用，如害怕、愠怒、受伤害，或者兼而有之，使受害者恢复并且继续向前。

2010 年的《心理健康咨询》出了一期专刊，集中说明了治疗中原谅的作用。研究表明肯于原谅可以降低抑郁和焦虑。在创伤后，那些肯于原谅的人也更容易恢复。另外一些研究人员集中精力研究肯于原谅对某些特定医疗问题的效果。其中一项研究成果表明：越倾向原谅，有些指标越健康，包括胆固醇的比例等。考虑到个体的心理状况（更少压力、焦虑和抑郁）和生理情况，研究人员得出以下结论："原谅可能会降低未来罹患心脏病的风险。"其他研究人员发现：研究对象采取原谅的方式，会提高其免疫力，生病时减少症状，进入老年时更健康。

实践指导

（1）男性比女性更不容易原谅别人吗

美国一位心理学家朱丽亚·郁斯兰博士对"宽恕"这项课题深有研究。她作过 7 项研究，先后检测过 1400 名大学生的宽恕态度。在几项研究中，郁斯兰先要求受测者回想受到冒犯的情景，再把他们随意分成两组，一组直接检查当时的宽恕态度，另一组则另起炉灶，回想自己冒犯别人的经验。在研究中，郁斯兰每次都发现，男性比女性更不容易原谅别人。

研究也显示，男性觉得自己有过失时，报复心理会降低，宽恕别人的意愿会提高到和女性相同的程度。奇怪的是，女性就算有人告诉她自己有错，宽恕的意愿都不会提高，只是觉得不是滋味。郁斯兰原本无意求证性别间对此是否有固定的模式差别，但证据却越来越明显。她说："我们一直为这个现象找出种种解释，但这现象不断出现，不得不接受。"

男性对冒犯自己的人与事大多耿耿于怀，更会在意讨回"公道"。但外向的男性受到冒犯，比内向的男性更容易忘却。女性天生喜欢聚会，因此更容易握手言和。内向或外向的差异不影响女性的宽恕意愿。男女的共同点是，轻微的冒犯、冒犯者道歉，或冒犯的是固定交往的对象时，男性和女性都比较容易原谅对方。

（2）原谅并不意味着逆来顺受

经常有人怀疑：如果我们原谅别人，特别是配偶或者某一个同事，那么他们就会认为我是受气包了。原谅并不意味着逆来顺受。原谅并非抹去痛苦的往事，痊愈的记忆不是被删除的记忆，而是通过原谅我们无法忘怀的事情，创造一种新的记忆模式。我们可以将往事的回忆转变成对未来的期盼。

事实上，伴随着创伤，经常会带来新的福气或新的力量。伟大的神秘主义诗人鲁米将之形容为："伤口就是光明进入你的地方。"印度的圣雄甘地认为："弱者永远不会原谅，原谅是属于强者的权利。"显而易见，我们应该"不怕麻烦"去原谅。

（3）原谅一个人就要学会"放下"

生活往往就是这样，有些事我们很容易放下，而有些事则需要我们刻意地放下才能慢慢淡化。露易丝·海在《生命的重建》一书中建议我们，"放下"是可以通过练习达成的，可以采取自我演练或者找朋友陪练的方式。

● 首先闭上眼睛，静静地坐下，然后进行自我暗示："我要原谅某某人，因为某某原因我想原谅他。"如此反复几遍后，你将会找到一大堆、至少总会有一两条理由去原谅那些人。

● 完成以上动作后，如果有陪练，你可以让他对你说："谢谢你原谅了我，你已经不再心怀恨意了。"如果是自我演练，你可以自由发挥想象——你要原谅的人正在对你说谢谢。重复上述练习至少 5-10 分钟，直到你已经完全放下。当然，如果可以的话，也请试着将你心里的其他不平事都放下吧！

● 最后在原谅了所有你要原谅的人之后，注意别忘了原谅自己。请大声告诉自己"我原谅你了"。重复以上动作 5 分钟左右。这是项很有益身心的练习，请至少保持每周练习一次，以便彻底铲除负面想法。

资料导读：16 招帮助您原谅别人（摘选自《情绪情感》）

你不想原谅的时候，怎么原谅呢？我只记住一点：没有人在他生命将结的时候在想，"我希望愤怒更久一点"。他们通常只会说三件事："对不起"，"我原谅你"，"我爱你"。那么，如何原谅别人，即使在你没有一丝意愿想原谅他。当你还愤怒于他的不当举动，你又将如何亲切对待他们。你如何让伤害远去，让事情继续下去。Facebook 的小佛教社区中，受访者提供了大约 150 种如何原谅别人的方法，下面是一些最受推崇的方法：

（1）我提醒自己，我不是原谅他们，而是原谅自己，这样就会更容易去原谅，平息愤怒、伤痛和背叛。

（2）记住你被原谅的瞬间，你更容易原谅别人。尤其要记住当时的感觉。

（3）不要记住过去伤心的事情，当它随风而去的时候，你会放下愤怒，这就是宽恕！

（4）我要记住，那时我们都在努力做好。

（5）即使再恨，爱也能让其回头。想想不能原谅的理由，爱能使原谅变得容易。我们能做到尽善尽美，包括我们觉得很难原谅的人。

（6）学会爱和饶恕，放弃愤怒和怨恨，你会更健康，生活也会更宁静。

（7）我知道我需要原谅某人，不是为了利益，仅仅为了自己思想的安宁。不是为别人，只是为了自己！

（8）你记住你为什么爱他们。爱即饶恕。

（9）不要乱想，只管去做。敞开心扉，饶恕他人。

（10）沉思，沉思，再沉思，直到愤怒远去！

（11）两勇相遇，先要建立自己的界限和保护意识，接着要感受自己的身体，不要让罪恶停留。两者缺一不可。

（12）换种想法，感受自己身上的痛苦，想想世界上的很多人都感受着同样的痛苦，那么就让所有感同身受的人收到你的关怀。

（13）事情发生时，我总问自己"我应该怎么办"？愤怒感常常就消失了，缓慢却坚定地消失了。因为我不会在意惹怒我的人，但是我会从中吸取教训。

（14）写一封真实表达自我情感的信给他，告诉他们伤你有多深，然后擦干眼泪，烧掉它。当你看着烟升起的时候，想想其实你不再受伤和愤怒。它已经走了，就如同其他东西一样。烟雾带走了苦痛和失望。

（15）只要看看未来，不要回忆过去……想着怎么去创造新的快乐，洗刷掉旧时的不快。

（16）记住一点：无论你喜欢与否，时间逝去，痛苦逝去，那么为什么要记住它们呢，让其远去不是更好？

思考与练习

（1）在日常工作中，我经常使用的原谅他人的方法是什么？产生了什么影响？

（2）我准备尝试哪些肯于原谅他人的新方法？

关键行为汇总

激发信任

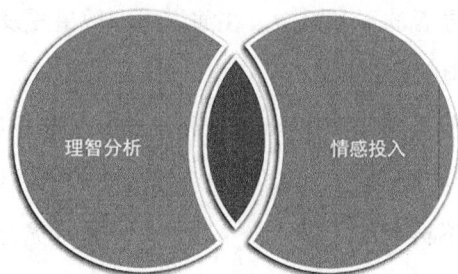

第二节　领导他人

资料导读：领导者的通病，你有吗？（摘选自《哈佛商业评论》）

教皇弗朗西斯希望从根本上改革天主教教会狭隘、专横、官僚的行政结构，这已经不是什么秘密了。他清楚，在一个超级无秩序的世界，对外界漠不关心和以自我为中心是领导者的不利因素。在演说中，教皇提及了一些"领导者通病"，它们是非常危险的诱惑。

通病一：认为自己不朽、不受影响、不可或缺，忽略了需要定期进行反省。

没有自我批评、不与时俱进、不寻求更合适方案的领导是一个致病体。"认为自己高他人一等，不再为他人服务。"这是一种来自优越、自恋情结的权力病理学说，这种自恋情结将使领导者只会热情地孤芳自赏，而看不到其他人的脸，尤其是最弱者和最需要帮助的人。这一类瘟疫的解药就是谦逊。领导者应由衷地说："我只是一个仆人。我只是做了自己该做的事。"

通病二：过度忙碌。

人们发现，领导者都喜欢沉浸在工作中，不可避免地忽略了"小憩片刻"。忽略需要休息导致身体出现压力和焦虑。对已经完成了工作的领导者来说，休息一段时间是必要的、义不容辞的，应该认真对待。领导者应和家人共度时光以及享受作为充电时刻的节假日。

通病三：过度计划和功能主义。

当领导者把所有事情都事无巨细地计划好，并认为有了完美的计划事情就会井井有条时，他就成了会计师或办公室经理。事情需要充分准备，但是，领导者不能跌入试图消除自发行为或意外行为的深渊，这些行为比任何人类规划都要灵活得多。

通病四：对他人漠不关心。

这表现在领导者只想到自己，失去了对真正人类关系的真诚和温暖。此类通病会以多种方式发生：当知识最渊博的人不再抱有为知之较少的同事服务的理念时；当你学会了某样东西，将其为己所用，而不是以有用的方式与他人分享时；当你出于嫉妒或虚伪，高兴地看着他人摔跟头，而不是帮他们一把、鼓励他们时。

通病五：过分崇拜上司。

那些对上司阿谀奉承、希望获得他们青睐的人容易患上此病。他们是追求名利和机会主义的受害者；他们听从的是人而非组织的伟大使命；他们只想着回报，没有想到付出；他们心胸狭隘，不开心，只接受致命自私心的驱使。当上司试图让下属服从、忠诚和产生心理依赖时，他们自身也会受到这种通病的影响，最终的结果就是他们会沆瀣一气。

通病六：摆出不苟言笑的脸。

在那些忧郁、沉默寡言的人身上可以看到这一通病。他们认为严肃就是摆出一张忧郁、不苟言笑的脸，苛刻、无礼、傲慢地对待他人——尤其是被我们视为低人一等的人。事实上，严苛和悲观通常是恐惧和缺乏安全感的象征。领导者必须努力成为一个彬彬有礼、镇定和蔼、热情洋溢和充满快乐的人，一个无论去到哪儿都能传播快乐的人。即使是在困难的情况下，领导者也不应当丢掉让人们觉得和蔼可亲的快乐、幽默，甚至自嘲的精神。

自我测试：问问自己，1 到 15 项，自己已经到了何种程度……

1. 与为自己工作的人相比，有种优越感。

2. 工作和生活的其他方面出现不平衡。

3. 用形式代替了真正的亲密关系。

4. 过于依赖计划，没有充分依靠直觉和即兴想法。

5. 太少花时间打破隔阂、架设沟通的桥梁。

6. 未能经常向导师和他人表达亏欠之情。

7. 过于满意自己的特殊待遇和特权。

8. 将自己与客户和一线员工孤立起来。

9. 诋毁他人的动机和成就。

10. 表现出或鼓励过分尊重及奴态。

11. 将自己的成功置于他人的成功之前。

12. 未能营造有趣、充满欢乐的工作环境。

13. 分享奖励和表扬的时候表现出自私。

14. 鼓励狭隘主义而非团体主义。

15. 在与身边的人交往时表现得以自我为中心。

联结实践：结合工作中的表现，我最敏感的问题是什么？如何改进？

领导他人绝非易事，正如一位新任部门经理在培训课程中的感言："我实在无法用言语形容。它很像当你有了孩子时的感觉。一天前，你还没有孩子。可过了一天，你就突然变成了母亲或父亲，你需要投入精力，持续地努力，你必须了解有关照料小孩的一切知识。"培养领导他人的能力，首先要小心日常工作中的 3 个常见误区：

（1）误以为自己理所当然掌握着某种重要权力。实际上，在人际社交活动中，无例外的，我们都身处各种互相依存的关系之中。

（2）误以为权力源自自己的特长或者职位。实际上我们很快会发现，当提出要求时，未必每次对方都会配合。个体越能干，就越不喜欢只是简单地听从他人的指令。拥有自愿的追随者，才称得上是真正的领导者。

（3）误以为必须控制他人的行为才能获得他人的顺从。每个人都希望能有更大的影响，影响更多的人。实际上，释放他人的潜力可以赢得他人由衷的承诺。

领导他人需要我们对自身提出更高的期望，在激发信任的基础上，成为促进人际互动的积极力量。伴随着我们的探讨，从领舞情绪到领导他人，相关议题在现实应用中的体现也越来越复杂。提及在职场中领导他人涉及的应用技能，可以罗列出很长，包括人际沟通、员工激励、教练辅导、给予反馈、导师指引、有效授权、发挥影响力、目标设定、绩效管理、冲突管理、双赢谈判和领导变革等，话题众多。在这里，我们将聚焦与情商培养密切关联的议题，力求化繁为简、便于实践。

培养领导他人的能力包括 3 个关键行为：高效沟通、发挥影响和教练辅导。

一、关键行为 31——高效沟通

高效的沟通首先需要营造一个相互支持的沟通氛围。如果我们希望大家能够分享观点，坦陈心中的疑虑，鼓励讨论，那么，就离不开一个开放和尊重的交流环境。营造相互支持的沟通氛围需要考虑多种因素：客观环境的特点是否适宜，谈话双方的距离是否适度，肢体语言的运用是否得体，包括目光、表情、手势、身姿和语调。

自我测评：人际沟通

对以下每项描述，请选出你认为最恰当的个人评估。

（1 从不 /2 几乎不 /3 一半时间 /4 大多数时间 /5 总是）

（1）我能清晰地把自己对他人的需求与期望以及产生这些需求和期望的原因传达并解释给对方。

（2）我会考虑所传达的信息对接收者的影响。

（3）我注意自己的身体语言以及对他人的影响。

（4）我观察他人的身体语言，当发现和有声语言所传达的信息不一致时，则力求探查原因。

（5）我帮助人们保持正面的自我形象，避免令对方丢脸的语言或行为。

（6）我能有效倾听，即使不喜欢、不同意所听到的内容，或者在非常忙碌的时候。

（7）我用自己的语言复述对方的话，以表明我听到了他们的想法。

（8）我复述他人的感受以示理解。

（9）我提出开放式的问题来收集信息、澄清问题，避免令人产生抵触情绪的提问。

（10）我对他人的表现和想法提出有建设性的反馈。

（11）我主动请别人对我的表现和想法提出反馈意见。

（12）我对反馈意见持欢迎而非抵触的态度。

（13）我与他人合作解决矛盾。一方面勇于表达自我，同时也努力发现他人的需求。

（14）我全面考虑将要表达的内容以及表达方式。

（15）为了实现目标，我计划沟通的策略。

（16）我请别人分享他们的想法和疑虑。

（17）我避免产生抵触情绪或带有攻击性。

（18）在解决问题的过程中，我注意与他人合作以实现双赢。

（19）我总结（也请对方总结）双方达成的协议以及下一步的行动。

（20）我身体力行，展开开放、诚实、直接的沟通。

共计得分：＿＿＿＿＿。

思考与行动

（1）我的 3 项优势是什么？

（2）我的 3 项短板是什么？

（3）我的潜在行动是什么？

高效沟通的行动要点包括维持自尊、积极倾听、促进反馈和管理冲突。

1. 维护自尊

维护自尊是指要避免那些令人丢脸或者有损自信心的语言和行为，使人保持正面的自我形象。当感到自信时，双方的互动行为会更积极、更主动、更适合。

维护自尊的实践指导

（1）运用能让他人保持自尊的语言，例如：

● 在发挥自身特长方面，你有什么想法？

● 任务进度需要赶上计划，我们怎样才能进一步提高呢？

● 情况怎么样？需要帮助吗？

（2）避免使用可能有损他人自尊心的话语，例如：

● 你从不……（把事情做对，按时完成任务，等等）

● 你总是……（让大家失望，把错误归到别人头上，等等）

● 你应该……（这样做，少犯这种低级错误）

案例：如此重要，如此美好

在一次培训课程中，强生公司的一位销售员分享了他刚参加工作时的一件事情。

他的一个客户是药品杂货店。每次他到这家店里去拜访的时候，总要先跟柜台的营业员寒暄几句，然后才去见店主。有一天，他到这家商店去，店主突然告诉他今后不用再来了，他不想再买强生公司的产品，因为强生公司的许多活动都是针对食品市场和廉价商店而设计的，对小药品杂货店没有好处。这个业务员只好离开商店。当时，他开着车子在镇上转了很久，还是决定再回到店里，把情况说清楚，再试试。

走进店里的时候，他照常和柜台上的营业员打过招呼，然后到里面去见店主。店主见到他很高兴，笑着欢迎他回来，并且比平常多订了一倍的货。这个业务员对此十分惊讶，不明白自己离开店后发生了什么事。店主指着柜台上一个卖饮料的男孩说："在你离开店铺以后，卖饮料的男孩走过来告诉我，你是到店里来的推销员中唯一会同他打招呼的人。他告诉我，如果有什么人值得同其做生意的话，就应该是你。"从此店主成了这个推销员最好的主顾。

最后，这位销售员对大家说："我永远不会忘记这件事。关心、尊重每一个人是如此重要，如此美好。"

（3）维护自尊常用的 7 项行动：

● 称呼名字

● 表现支持的身体语言

● 征求对方的意见和想法

● 认可对方的努力和成就

● 感谢对方的关心和帮助

● 询问对方工作以外的兴趣

● 转达别人的赞扬

思考与行动

（1）我的 3 项优势是什么？

（2）我的 3 项短板是什么？

（3）我的潜在行动是什么？

2. 积极倾听

倾听不仅仅是要用耳朵来听说话者的言辞，还需要一个人全身心地去感受对方在谈话过程中所表达的非言语信息。积极倾听是在接纳的基础上关注地听，理解人们言语背后的意思和感受，并在倾听时适度参与，适当地有所回应。两者一唱一和，有排除误解、宣泄感情、相互学习、解决问题和促进协作等优点。

自我测试

对每个问题判断是或否。根据自己最近的行为真实作答。

（1）我经常试图同时听好几个人谈话。

（2）我喜欢别人只给我提供事实，然后由我自己来理解。

（3）我有时装作注意别人（谈话）。

（4）我觉得自己对非语言交流有很好的判断。

（5）我总是在别人要说什么之前就知道他要说的内容了。

（6）对那些我不感兴趣的谈话，我会转移对谈话者的注意力，以此来结束谈话。

（7）我总是在谈话时点头、皱眉或做一些其他动作，让谈话者知道我对他所说的有什么感受。

（8）当某人结束谈话时我总是立即作出反应。

（9）当谈话正在进行时我就开始评价其内容。

（10）当别人还在谈话时我就形成回答的内容了。

（11）谈话者的方式总是会分散我对内容的注意力。

（12）我总是请谈话者来澄清他们所说的内容而不是自行猜测。

（13）我和他人一起努力来了解其他人的观点。

（14）我经常听到自己希望听到的内容而不是实际谈话的内容。

（15）大多数人觉得我理解了他们的观点，即使我们意见不一致时也如此。

计分和解释：

除了问题 4、12、13、15 的正确答案是"是"之外，其余各题的正确答案都是"否"。如果你只错了 1–2 个问题，就证明你的倾听习惯很不错，而且你正朝着做一个有效倾听的领导者的道路前进；如果你错了 3–4 个问题，你能发现自己倾听效果中的一些问题，对于好的倾听你的理解存在一些差距；如果你错了 5 个或更多问题，你可能对自己的倾听方式不太满意，你的下属或同事也可能觉得你不是一个好的倾听者，继续努力提高你的倾听能力吧。

联结实践：结合工作中的表现，我的敏感问题是什么？如何改进？

资料导读：积极倾听时需要小心的误区（摘选自 网络论坛）

（1）对谈话内容漠不关心。

（2）以自我为中心，总是谈论自己。

（3）自以为是，总想占据主导地位。

（4）缺失尊重，打断对话，急于深究那些不重要或不相关的细节。

（5）匆忙下结论，急于评价对方的观点。

（6）缺乏倾听，急切地表达建议。

（7）只听内容，忽略感觉。

（8）边听边琢磨对方下面将会说什么，或者自己将如何支持、补充或者反驳对方。

（9）带有偏见或成见，或者总是猜测对方可能的想法。

（10）容易激动，因为与对方不同的见解而产生激烈的争执。

（11）思维跳跃过快，总是试图理解对方还没有说出来的意思。

（12）询问不方便探讨的内容，或者自己不应该知道的东西。

实践指导

（1）关注，即集中注意力，投入谈话过程。

● 调整身体姿势，如点头或上身前倾，表示对谈话感兴趣。

● 运用适宜的面部表情，回应并鼓励对方。

● 保持探讨内容的一致性，表示你正在专注于谈话议题。

● 主动参与，在倾听的过程中适时分享见解。

（2）复述，即重复内容，总结对方观点。

● 重点是理解对方，而不是如何回应。

● 用自己的话总结对方的讨论内容（不要完全引用）。

● 不要总是评价、建议、探究或诠释。

● 在表达不同意见前，先重复对方观点。例如，"你刚刚提到调整人员，我希望能够……"

（3）澄清，即努力理解对方的感受、经验和思考。

● 倾听有声言语的同时留意身体交流。

● 探查关键细节。例如，"你提到调整流程，具体是指……"

● 保持耐心，适应对方节奏，不要打断。

● 尝试用"我们应该如何……"这样的句型开始转入解决问题。

（4）鼓励，即让对方多分享，促进讨论。

● 运用肢体语言，例如：表情微笑、目光接触、做笔记、不接电话、身体坐直、适度前倾。

● 运用有声语言，例如："明白""嗯、嗯""是的""请继续"。

（5）提问，即通过提出拓展或收敛谈话的问题，促进深入探讨。

● 运用开放性的问题收集或澄清信息。例如："你有什么意见？""还有补充吗？""能再具体一些吗？"

● 避免倾向性的问题，例如："时间估计有些紧吧？""难道你没有注意到第三项条款的描述？"

● 避免一连串封闭式的问题，例如："是……或不是……？"

● 避免太多使用为什么（除非你们在尝试寻找问题的根本原因），"为什么"容易令人产生抗拒心理。

思考与行动

（1）我的 3 项优势是什么？

（2）我的 3 项短板是什么？

（3）我的潜在行动是什么？

3. 促进反馈

反馈又称回馈，是现代科学技术的基本概念之一。一般来讲，控制论中的反馈概念，是指将系统的输出返回到输入端并以某种方式改变输入，进而影响系统功能的过程，即将输出量通过恰当的检测装置返回到输入端并与输入量进行比较的过程。反馈可分为负反馈和正反馈。社交过程中的促进反馈包括提出和接受反馈。提出反馈是指对别人的表现给出明确的意见，涉及哪些地方是有效的、有帮助的，哪些方面需要改进，以便能够更好地满足你的期望，取得更好的结果；接受反馈是指向他人征询自己的行为在哪些方面有效和有帮助，在哪些方面需要改进，以便能够更好地满足对方的期望，取得更好的结果。

案例：心理学家赫洛克的实验

心理学家赫洛克做过一个实验：把被试者分成 4 组，在 4 个不同诱因的情况下完成任务。第一组为激励组，每次工作后予以鼓励和表扬；第二组为受训组，每次工作后对存在的问题严加批评和训斥；第三组为被忽视组，每次工作后不给予任何评价，只让他们静静地听其他两组受表扬和挨批评；第四组为控制组，让他们与前三组隔离，每次工作后也不给予任何评价。

结果是：成绩最差的是第四组控制组，激励组和受训组的成绩则明显优于被忽视组，而激励组的成绩不断上升，学习积极性又高于受训组，受训组的成绩则有一定波动。实验证明：针对活动的情况及时反馈，尤其是正向的反馈，能增强个体活动的动机，对活动起到促进作用。

实践要点

（1）提出反馈时，须注意如下细节：

- 具体明确，不泛泛而谈。
- 使用描述，而非评估的语气。
- 专注于对方能够改变的领域。
- 有选择性（专注于 1–2 个关键的问题）。
- 迅速反馈，不拖延（行为发生后，越早反馈作用越大）。
- 着眼于改进，而不要停留在埋怨过去。
- 鼓励双向沟通的方式（即邀请对方提出观点和建议）。

（2）提出反馈时，运用"描述、行为和效果"的方法。即描述特定情境下某人的语言和行为，指出产生的正面或负面影响。"情景 + 行为 + 影响"的模型为有效反馈提供了一个框架基础，强调以具体行为及其影响为中心，而不是以个性和态度为中心的反馈理念。这种方式还有利于维护被反馈者的自尊，可以用于提出表扬或者建设性地提出批评意见。

例如："你答应在周一提供项目报告，我注意到，最终你的报告是在周三上午交付的。这期间客户连续追问过三次，如果客户认为我们做不到我们所承诺的，整个项目就很难进展下去了。我们需要进一步赢得客户的信任。"

（3）提出反馈时，运用平衡反馈的方法。即首先提出优点，然后指出不足，以帮助人们理解哪些应该继续发扬，哪些需要改进。

例如："我们非常欣赏你的发言，结构清晰，重点突出，参加会议的每个人都对项目进展有了清晰的理解，这的确很好。同时，我注意到如果你在 A 环节多一些细节的解读，并且制作成简表发给大家会下备查，效果会更好的。"

（4）提出反馈时，小心常见的 5 个陷阱：

- 除非真正准备考虑，否则不要假惺惺地征求意见。
- 结束正面反馈后不要马上说"但是"。
- 不要马上进入你有疑虑的部分。
- 不要使用诸如"总是""从不"或者"应该"等词句。
- 不要说空洞好的、不真诚或者毫无关联的溢美之词。

（5）接受反馈时，须注意如下要点：

- 主动征询反馈意见，明确表示你欢迎并重视对方的直接反馈。例如："我需要怎样改变才能更好地完成任务？""我有哪些方面亟待提高？"

● 用自己的话复述对方给出的反馈，印证理解是否正确。例如："你提到需要更主动行动，具体是指……"

● 提出问题，让对方举例，以更好理解他的说法。例如："你能否举个我这样做的例子？"

● 对恰如其分的反馈表示感谢，说明下一步你会怎么做来予以回应。

● 小心过激反应，不抵触，不辩解，努力理解对方的信息。

● 把批评看做改进工作有用的信息和共同解决问题的机会，而不是采取敌对立场。警惕自我辩护的冲动，要勇于承担责任。

● 如果你觉得反馈不够恰当，可以试着把各方不同的意见和看法加以比较。

思考与行动

（1）参考促进反馈的实践指导，准备与一位熟悉的同事探讨如何改进工作。

（2）我的收获是什么？

（3）我的潜在行动是什么？

4. 管理冲突

在人际互动的沟通过程中，双方的差异会引发冲突，而冲突会导致高压力、有挑战的沟通情景。我们将从沟通过程中冲突管理的步骤谈起，进而探讨冲突情境下的沟通实用技巧。

资料导读：教你轻松化解办公室矛盾冲突 （摘选自网络 作者 Ting/ 快鲤鱼）

在邮件里说，"我不喜欢你用那种方式跟我说话。"这不是对峙，是抱怨。大喊着说，"谁把我的排毒果汁扔了，你要付出代价的！"这不是对峙，是威胁。在垒球练习时质问，"你到底哪根筋不对？"这不是对峙，是发脾气。我们常常把正面冲突想象成是一件很挑衅的事情，但其实你要做的不是防卫或反击。一个健康而有成效的正面冲突需要双方都怀着同理心，心平气和地共同解决问题。

首先，这件事情取决于你，让上级介入是弊大于利的。如果你没有从头到尾参与其中——准备阶段，对话，跟进——那么事态很容易恶化。计划好你要说什么，心平气和地谈。坦诚地指出可能这个问题你也要负一定责任。不要把整件事说成是对方必须要想办法解决的，其实整个局面不是以你为中心，也不是以对方为中心，而是以公司整体利益为中心。

其次，要将问题讨论清楚。这里有两种不同类型的清楚。第一种很简单，"我就是这么想的。"很清楚，但对解决问题没有帮助。第二种就有一点小技巧，"先说说你是怎么想的……"清楚了解对方的想法，会明显促进问题的解决。试着冷静下来，深呼吸。尝试从对方的立场看待整件事。自问一下是否是因为自己的问题而导致对方有冒犯行为，哪怕是间接地导致。有可能是你有错在先吗？如果是，那你要承认自己的错误。注意：在正面冲突的过程中，唯一比辞不达意的表达更糟的就是表现得嬉皮笑脸或者想要蒙混过关，它会让对方觉得你对他以及整个事态都不重视。冲突是一件严肃的事情，应该被郑重对待。

实践指导

● 征询或提出解决意见，构建开放的讨论氛围。

● 拓展讨论，保持灵活。强调关注兴趣而不是关注立场。例如，鼓励思考"我们可以怎么做"或者"如果……会怎样"的问题。

● 集思广益，达成共识，即提出一个能照顾到双方利益的方案。

● 总结要点，澄清后续计划。对他人的质疑表示理解，并耐心解释。

思考与行动

（1）运用管理冲突的实践指导，计划本周进行一次工作讨论。

（2）产生了什么影响？我的收获是什么？

（3）我的潜在行动是什么？

（2）管理冲突的沟通 6 要素

畅销书《关键对话》2012 年出版，这本书一经问世便高居纽约时报、商业周刊、亚马逊畅销书排行榜首位。书中详细剖析了人们在沟通上常见的盲点，并提供了许多立竿见影的谈话、倾听、行动技巧，帮助读者以最迅速的方式掌握这些技巧。我们可以把书中介绍的具体方法简要概括为"管理冲突的沟通6要素"，来指导我们应对沟通过程中的挑战。

● 要素一：重新开始，关于如何澄清目的。

A.问自己一个问题：我现在的行为显示出我的动机是什么？

B.明确自己真正的目的，问自己：我想为自己、他人和人际关系做些什么？

C.最后，问自己：如果这是我的真正目的，我该怎么做？

● 要素二：注意观察，关于如何判断对话氛围是否安全。

A.观察对话内容和对话气氛。

B.观察对话在哪些情况下会变得难以处理。

C.观察对方是否进入沉默或暴力应对的状态。

● 要素三：保证安全，如何让对方畅所欲言。

A.该道歉的则道歉。例如，昨天我那样讲，让你不开心，对不起。

B.用"是和不是"的表述澄清自己的初衷。例如，我的目的不是说你的方法不对，而是说鼓励孩子学习还可以尝试其他的方式。

C.专注于共同的话题。例如，让我们一起讨论一下，用什么办法可以更好地鼓励孩子学习。

● 要素四：调整情绪，如何在愤怒、恐惧或受伤的情况下展开对话。

A.关注自己的行为表现。如果发现自己正在远离对话，问问自己在做什么。例如，我是否陷入了沉默或暴力的应对方式？

B.确定行为背后的感受，学会准确识别行为背后的情绪。例如，导致这种行为的情绪感受是什么？

C.分析感受背后的想法，学会质疑自己的结论，寻找感受背后其他可能的解释。例如，造成这种情绪出现的想法是什么？

D.寻找想法背后的事实，回到事实本身，放弃绝对表达，区分客观事实和主观想法的区别。例如，形成这种想法的事实依据是什么？

E.注意似是而非的"小聪明式"的想法，尤其是受害者想法、大反派想法和无助者的想法。

F. 改变主观臆断，询问自己以下问题：我是否故意忽略自己在这个问题中的责任？一个理智而正常的人为什么会这样做？我的真实目的是什么？要想实现这些目的，现在我该怎么做？

● 要素五：陈述观点，如何循循善诱而非独断专行。

A. 分享事实经过。从最少争议、最有说服力的事实谈起。

B. 说出你的想法。说明你根据这些事实得出的结论。

C. 征询对方观点。鼓励对方说出他们看到的事实和产生的想法。

D. 作出试探表述。承认这些结论就是你的想法，不要假装是事实。

E. 鼓励作出尝试。创建安全感，鼓励对方说出不同甚至对立的观点。

● 要素六：了解动机，如何帮助对方走出沉默或暴力状态。

A. 询问观点。表明你很有兴趣了解对方的看法。

B. 确认感受。通过表示高度理解对方的感受增强安全感。

C. 重新描述。当对方说出自己的看法时，你应当重述他们的表达，表明自己不但理解其观点，而且鼓励他们分享内心的想法。

D. 主动引导。如果对方还是退缩迟疑，你应当先发制人，对他们的想法和感受作出最符合情况的猜测。

E. 在和对方分享观点时，应注意以下几点：在分享观点时对他人表示赞同；如果对方的观点有遗漏之处，赞同你们共享的部分，然后作出补充；当你们的观点相差甚远时，不要简单地认为对方是错误的，而应当把你们的看法进行比较。

思考与行动

（1）运用管理冲突沟通 6 要素，计划本周进行一次挑战性的工作讨论。

（2）我的收获是什么？

（3）我的潜在行动是什么？

二、关键行为 32——发挥影响

案例：安全带与煎鸡蛋

20 世纪中期很多美国司机在驾车时不喜欢系安全带，这成了交通事故中造成死亡的一个重要因素。为了避免这种情况的恶化，美国政府煞费苦心想了很多办法，颁布了相关的法律，重视对司机的培训与警示教育，把司机召集起来观看交通事故宣传片，希望会有一定的效果。但是，很多人开车还是不系安全带。情况最糟糕的是原来系安全带的司机，有的后来竟然也不系了。到 20 世纪 90 年代末，交警们想了个办法，改变了原来的交通引导语，把原来生硬的规定变成了这样："系或不系而受罚，由你决定！"结果出现了喜人的转变，开车系安全带的人数一下子增加了不少，后来在全美得以推广，效果甚佳。

我们小区有家粉馆，生意非常好。顾客一般都喜欢在吃粉时加个煎鸡蛋，这是粉馆的一大特色。可粉馆刚开张的时候，加煎鸡蛋的人并不多。顾客进店的时候，老板一般会问："加鸡蛋吗？"顾客一般情况下都不会选择加。老板左思右想也没有琢磨透这是什么原因。后来一次偶然的机会，他们的勤杂工提出了一个建议，把原来的问法由"加鸡蛋吗？"变成"加两个鸡蛋还是一个鸡蛋？"结果慢慢地加鸡蛋的人越来越多，生意也就越做越红火。

一个是："系安全带"，一个是"加鸡蛋"，看似风马牛不相及的两个故事，其中却蕴藏着一样的道理。心理学家告诉我们，每个人都期望获得自由和强调自我，都期望有选择的自由和空间。美国政府起初的劝诫语是告诉人们必须要这样做，但有的人就偏偏不这样做。而后来的有选择性的、有弹性的劝诫语，很多人乐于接受，于是就系上了安全带。"加两个鸡蛋还是一个鸡蛋"则更进一步。老板明明知道一般情况下顾客都不会加两个鸡蛋，他期望的是让顾客加一个鸡蛋就很满足了。与原来的"加鸡蛋吗？"相比，顾客们往往会落入一个不自觉的情景中，在"加两个鸡蛋"还是"加一个鸡蛋"中一般自然愿意选择加一个鸡蛋，再加之店里的服务质量一直很好，味道又不错，生意自然越做越好。

发挥影响的行动要点包括：理解权力来源和掌握影响力策略。

1. 理解权力来源

权力偏好自我测试

阅读每项描述，看看你喜欢以哪种形式去影响其他人。标注最接近你感觉的数字。

（1/ 强烈反对；2/ 反对；3/ 既不同意也不反对；4/ 同意；5/ 非常同意）

为了影响其他人，我偏好

（1）增加他们的工资水平。

（2）令他们感到有价值。

（3）给他们不愿意做的工作任务。

（4）令他们感到我对他们很满意。

（5）令他们感到他们需要实现承诺。

（6）令他们觉得被接受。

（7）令他们感到自己很重要。

（8）给他们一些很好的技术建议。

（9）令工作对于他们来说比较困难。

（10）与大家分享我的经验和所受的培训。

（11）通过加薪鼓励大家。

（12）改善工作环境。

（13）营造有压力的工作氛围。

（14）令他们觉得自己应该达到工作要求。

（15）给他们提出一些中听的、与工作相关的忠告。

（16）提供特别的福利。

（17）通过晋升鼓励大家。

（18）令他们有责任要履行。

（19）给他们提供必需的技术知识。

（20）令他们认识到必须完成任务。

按下面的程序计算这 20 个问题的得分：

● 奖赏权力：将 1、11、16 和 17 题的得分相加。我的得分：

- 惩罚权力：将 3、9、12 和 13 题的得分相加。我的得分：
- 法定权力：将 5、14、18 和 20 题的得分相加。我的得分：
- 参照权力：将 2、4、6 和 7 题的得分相加。我的得分：
- 专家权力：将 8、10、15 和 19 题的得分相加。我的得分：

实践指导：5 种影响他人的权力来源

（1）法定权力：依据法规、政策和程序而获得的权威。例如，一旦一个人成为经理，大多数员工就会明白应该在工作中遵守他的指令。

（2）奖赏权力：从能决定其他人的回报的权力中派生出来。例如，加薪或升职。

（3）惩罚权力：与回报权力相对应的是强制权力，通常是指那些惩罚或建议惩罚的权力。例如，因违反业务规则而需要交付罚金。

（4）专家权力：领导者具备的特殊知识或技能能帮助下属完成任务，从中产生的权力称为专家权力。例如，当领导者是一名真正的专家时，下属会由于他出众的知识而接受其建议。一名 IT 工程师在为经理升级电脑时，就拥有这样的权力。

（5）参照权力：来自领导者的个人特征，它可以让领导者博得追随者的认可、尊敬和钦佩，所以后者会效仿领导者。例如，当员工由于主管对待他们的方式而尊重他们时，这种影响力就是基于参照权力。

思考与练习

分别针对 5 种权力来源，列举出在个人工作中的事例体现。
- 法定权力：● 奖赏权力：● 惩罚权力：● 专家权力：● 参照权力：

2. 掌握影响力策略

案例：为人很难对付的杰克·韦尔奇

杰克·韦尔奇是通用电气公司的执行总裁，为人很难对付。尽管他因为直言不讳、冲动的性格和有时看起来令人不适的行为而出了名，但是，韦尔奇却同时展现出了自己吸引人、激励人以及创造共享目标的能力。

韦尔奇在谈到自己和下属经理关于工作表现问题的讨论时说，他会经常敲响警钟，不让他们走上危险的道路。他会直来直去地给出反馈，确保下属搞清楚问题出在哪里，需要做些什么来解决问题。如果工作问题迟迟得不到解决，那么这个经理就会丢掉饭碗。韦尔奇对他人的了解和苛刻的工作作风让下属们得到了他们需要的信息，有助于预见到潜在问题。正如韦尔奇所说："让谁离开公司都不应该感到奇怪。在辞退某个人之前，我都会和他谈两三次话来澄清问题所在，并且给他们东山再起的机会……如果他会感到惊讶和失望，在第一次谈话中就早已经感觉到了，而不是让他在离开的时候才感觉到。"

韦尔奇讲到自己给爱尔梵协会作讲话时的一次经验。爱尔梵协会是个精英级的社会组织，其成员都来自通用电气公司的管理层。韦尔奇被邀请到社团做嘉宾时，冒失地说该社团是个时代的错误，根本没有存在的价值。毫无疑问，他的讲话没有得到大家热烈的欢迎。事实上，"当我讲完话时，全场一片寂静，大家都惊呆了。在后来的一个小时中，我不停地在人群中穿梭并不住地微笑以缓和自己给他们的打击。但是，大家都高兴不起来"。

实践指导：9 种常用影响力策略

（1）理性劝说：运用逻辑论据和事实证据来说明这项提议或者要求是可行的，可以促进工作目标的完成。

（2）鼓舞：通过诉诸对方的价值观、理想和期望，或通过增强对方的自信心，进而要求或建议，激起对方的工作热情。

（3）协商：在计划一项需要对方支持和帮助的策略、活动或变革时，会寻求对方的参与，或者愿意根据对方的意见修改提议。

（4）逢迎：在要求对方做某事之前，先使对方拥有一个好心情，或是使对方认为自己挺好。

（5）交换：提供好处，表示愿意在以后回报对方，或者向对方许诺，如果提供帮助，就会和他分享利益。

（6）个人魅力：在要求对方做某事前，先描述并强化对方对自己的忠诚和友谊。

（7）联合：寻求第三方的帮助以劝说对方做某事，或利用其他人的支持要求对方也同意。

（8）合法化：通过权威或权力，或通过证实自己的主张与组织、政策、规则、惯例或传统相一致，而使其合法化。

（9）压制：运用要求、威胁或者持续的提醒来影响对方，让他做你希望他做的事。

自我测试

阅读每项描述，根据你经常应用的影响他人的策略，标注最接近你感觉的数字。

（1 从不 /2 几乎不 /3 一半时间 /4 大多数时间 /5 总是）

（1）我将直接面对我的追随者并要求其迅速执行被要求的行为。

（2）我会对一项要求或提议作出解释。

（3）为了使一项被要求的行动得到实施，我会向更有权威的人求助。

（4）我会对一个人从我的提议中获益作出解释。

（5）如果他们做出被要求的行为，我会表示将给予回报。

（6）我会对一项提议的可行性提出证据。

（7）在让人们做另一项工作前，我会赞扬他们以前的成绩。

（8）我会解释为什么我的提议客观上比别人的好。

（9）我可以使其他人用证据来支持我企图实施的计划或提议。

（10）我会解释解决问题的可能性。

（11）我会热情地描述一项提议或项目，并力图说明它是重要的和值得做的。

（12）我会证明我提议的行动将导致一项工作或项目的成功完成。

（13）我会告诉其他人目标是什么，并询问是否有更好的方式达到这一目标。

得分：把问题 2、4、6、8、10 和 12 的得分加起来并除以 6，这一得分反映了你运用理性劝说影响他人行为的程度。其余问题调查了其他形式的影响：压制 –1，合法化 –3，交换 –5，逢迎 –7，联合 –9，鼓舞 –11 和协商 –13。

思考与行动

（1）我的优势是什么？

（2）我的短板是什么？

（3）我的潜在行动是什么？

三．关键行为 33——教练辅导

资料导读：教练弗格森开启哈佛大学任教模式（摘选自 中国网）

今年已 72 岁高龄的英国曼联足球队标志性人物、已退休的前任教练亚历克斯·弗格森日前对外宣布，将前往美国哈佛商学院成为一名任课教师，教授体育传媒方面的课程。在带领曼联获得三冠王的 1999 年，亚历克斯·弗格森被英国王室授予二级爵士勋章，这是英国王室对他进行的第三次爵位表彰，而弗格森也因此获得了"弗爵爷"的称号。

据悉，离开球场登上课堂的弗爵爷在哈佛大学主讲的课程名称是"娱乐、媒体、体育的商业运作"，这是哈佛商学院新开设的课程，也将是弗爵爷的一次完美转型。他表示："我迫不及待地期望与哈佛学堂中的各路精英学子与老师进行进一步的合作与联系。能为这所精英荟萃、备受尊敬的学府尽一份力，我感到十分荣幸。"英国媒体对此则吐槽称，即将接受弗爵爷课程的学生们要注意了，面对苛刻严厉的教师，一定要打起十二分精神，小心粉笔头落得满头都是！

哈佛商学院方面的人士安妮塔·艾伯希是负责与弗格森进行授课计划接洽的教育工作人员，她表示现在自己已满心期待着曼联红魔天团的标志性前主教加入精英哈佛团队后的结果："从场边教练席和球员休息室转入世界一流大学的教室，我们希望弗爵爷能够把执教曼联的成功经验传授给世界各地的商业精英们。"

教练辅导，可以说是当前职场炙手可热的话题，经常在各类领导力发展的项目中出现。教练辅导是一个持续、双向的过程，即通过与其他人共享知识与经验，从而最大限度地发掘他人的潜力并帮助他们实现约定的目标。辅导依赖于相互协作，并要求辅导教练与被辅导者之间建立一种积极互助的情感纽带。

与导师不同，教练辅导（Coaching）侧重于当前问题和学习机会，而导师指导（Mentoring）更注重个人的长期发展。

教练辅导的行动要点包括：运用辅导 3 步骤和提高辅导技能。

你无法教会别人任何事情，而只能帮助他通过自己的努力去掌握。

——伽利略

1. 运用辅导 3 步骤：

教练辅导

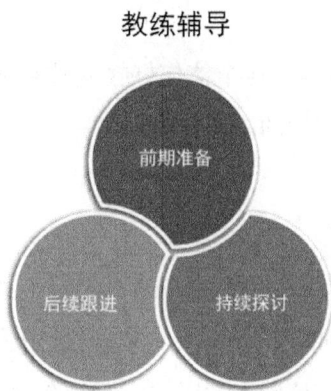

（1）前期准备：对一个潜在的被辅导者进行观察，验证对他的技能或绩效的假设是否属实，留意需要帮助的信号，评估改进的可能性，并让员工作好接受辅导的准备。

（2）持续探讨：与潜在的被辅导者分享观察结果，提出问题并积极倾听其回答，研究可能导致绩效问题的原因，或探讨需要哪些新技能。然后，达成一致目标并制订出能够最有效解决绩效问题或弥补能力短板的行动计划。检查行动计划的进度，融合"探询"与"倡导"两种模式，提供反馈并改善方法。

（3）后续跟进：与被辅导者定期交流，总结得失，并对目标或辅导流程作出必要的调整。

实践指导：

（1）前期准备

● 观察行为：观察是准确评估个体优点与缺点的关键，需要学习最佳的观察方法，避免草率作出判断。同时，与信赖的同伴私下讨论你的观察结果。如果可能，也让他们留心观察被关注的个体。

● 对假设进行验证：根据观察对当前情况作出一定假设（推测）。在进行推测时，必须反躬自省，是否是你的某些作为导致了问题行为的发生。例如：不切实际的期望；过于急躁；或者未能充分倾听。

● 评估成功的可能性：根据你的观察和作出的假设，思考如下问题："个体是否作好了接受反馈的准备？"或者"对这个问题施加影响的难易程度怎么样？"

● 促进个体作好准备：要让个体作好接受辅导的准备，可以让其自行评估表现。尝试如下提问："你的工作计划已经完成到什么程度？""是什么阻碍你达到预期的表现？"。

（2）持续探讨

● 探讨观察到的个体行为及影响：进行辅导面谈，讨论你所观察到的实际行为，尽量先认可观察到的正面行为，然后再给予建设性的反馈意见。同时，讨论该行为对团体目标和其他同事的影响。在整个讨论过程中，应避免谈到自己对他人动机的猜测，比如"你习惯讲个不停表明你总想快点解决问题"或是"这种行为让我觉得你对进一步的深入探讨不感兴趣"。

● 提出开放性问题和封闭性问题：在讨论中，提出开放式问题来鼓励个体参与。例如，"如果……，会怎么样？""你对自己目前的项目管理工作感觉如何？"同时，也可以提出封闭式问题，推动探讨进程。例如，"你对目前的项目进度是否满意？""那么，目前的主要问题是如何优化流程，对吗？"

● 学会积极倾听：积极倾听的动作包括：运用眼神交流、适当的微笑等肢体语言；确保专心，需要时记笔记；不要打断叙述，除非要进行澄清；偶尔重复听到的内容，以确认理解对方的意思等。洞察个体的情绪，通过提出问题让对方先说出自己的想法。例如，"如果项目进度落后了，你觉得原因是什么？"或者"什么能帮助团队更好地展开部门间协作？"

● 就目标达成一致并制订行动计划：成功的辅导需要对目标有一致认可。

与个体进行面对面交谈，以便回顾先前关于目标的讨论，确保双方就目标正式达成一致，澄清实现目标可带来的收益。诸如修正工具错误使用等细小问题可以通过现场辅导解决，不需要行动计划。对于更大的目标，比如帮助个体掌握某种新职位所需技能，就需要拟订行动计划了。需要强调的是，由被辅导者本人制订的行动计划最为行之有效。

● 培养情感纽带：在辅导会谈期间，就双方都感兴趣的主题和期望结果达成共识，面对面更详细地讨论工作表现和所需技能，并鼓励积极的情感交流。可通过以下方法培养这种纽带：使用肯定的语气；关注个人发展的机会；表达愿意提供帮助的真诚意愿；分享你的意见、建议和观察结果；定期予以具体反馈；倾听对方的回答和想法；加强对期望结果的共识；征得被辅导者同意等。

● 兼顾"探寻"模式与"倡导"模式：辅导时，你需要着重依赖于探询模式，也就是提出问题。但过多的提问会让被辅导者觉得自己在接受审问。因此，有必要融入倡导模式，即给出你自己的意见和建议。有效给出意见和建议的方法有：用中性词表达想法；陈述你的观点，即说明观察到的情况；阐明你所提供的意见和建议背后的思路及逻辑关系；分享自己的经验（如果有所帮助的话）；鼓励其他人表达自己的观点等。

（3）后续跟进

● 提出问题，设置挑战：要对被辅导者进行后续跟进，可以问问他什么事进展顺利，什么事还可以在每次辅导会谈后得到改善。用预先设计的挑战来拓展这些问题，从而鼓励被辅导者展示他的新技能或知识。

● 系统化跟进：采用系统化方法定期与对方一起检查进展情况和理解程度。请考虑以下行动：设定跟进讨论的日期；定期检查被辅导者目前取得的进展；强化对新技能和新行为的掌握；持续观察下属的绩效和行为；保持对被辅导者积极倾听的态度；不断改善行动计划改进辅导流程等。

2. 提高辅导技能

与构建信任关系相结合的教练式辅导会更有成效。营造信任的氛围能够促进辅导过程的展开，而辅导过程又可以促进信任的建立。关心个体的成长，提供支持，给予其自主权，尊重隐私，设身处地为他们着想，兑现许下的承诺，上述行为有助于与被辅导者建立信任关系。与学习主动性相结合的教练式辅导会更有成效。工作场合中能够激励员工掌握新技能或改进绩效的动机通常包括晋升机会、加薪和奖金、工作保障、来自同级的竞争压力以及承担更多挑战性工作的机会。简而言之，提供的信任、责任以及激励越多，辅导就越有效。

实践指导：应用 GROW 模型

寻找机会来磨炼你的辅导技能，熟能生巧。随时准备进行辅导，应用 GROW 模型中的下列问题。值得注意的是，并不是每次辅导会谈都要预先计划，如果您发现了帮助某位同伴的机会，那就抓住它吧。同时，推荐您阅读《绩效辅导：成就人员绩效和目标的方法》。

（1）Goals- 目标确定

● 从长远看，你要达到什么目标？

● 你怎么可以知道你达到目标了？你会看到什么、听到什么、感觉到什么，才能让你知道取得了进展？将会完成什么样的行动？

● 对于这些目标，你个人有多大的控制或影响力？

● 在达到这些目标的过程中，有什么可以作为里程碑？

● 你想到什么时候达成这个目标？

● 这个目标是积极的、有挑战性的、可达到的吗？

● 你怎么来衡量它？

（2）Reality- 现状分析

● 现在的现实情况是什么：什么事，什么时候，在哪里，有多少，频率等。

● 直接和间接涉及的人有谁？

● 如果事情发展得不顺，还会涉及谁？

● 如果事情发展得不顺，对你来说会发生什么事情？

● 到目前为止你是怎么处理的，结果如何？

● 这种情况中缺少了什么东西？

● 是什么使你裹足不前？

● 直观地说，到底发生了什么事？

（3）Options 方案选择

● 要解决这个问题，你有哪些办法？

● 你还会做哪些事？

● 如果在这个问题上你有更多时间的话，你会作什么努力？

● 如果你只有更少的时间，将会被迫作什么尝试？

● 想象一下，如果你比现在更有精力和信心，你会作什么尝试呢？

● 如果有人说："钱不是问题。"那你会作什么样的尝试呢？

● 如果你拥有所有的力量，那么你会做什么事情呢？

● 你应该怎么做呢？

（4）Wrap-up 具体行动

● 你选择哪些办法？

● 这可以在多大程度上达到你的目标？如果不能达到，那么还缺少什么？

● 你关于成功的标准是什么？

● 准确地讲，你将会在什么时候开始并结束每项行动或步骤？

● 什么会阻碍你采取这些措施？

● 采取这些措施，你个人有什么阻力？

● 你怎么消除这些外部和内部阻碍因素？

● 谁应该知道你的行动计划？

● 你需要什么支持，由谁来提供这些支持？

● 现在考虑一下怎么做，你的方法，你希望怎么去做？

● 要完成这些行动，按 1-10 分打分，你的承诺是几分？

● 是什么阻碍你没有打到 10 分？

● 你可以做些什么，把分数提高到接近 10 分？

● 为了前进一步，在接下来的 4-5 个小时内，你可以做的一个小行动是什么？

● 去做吧！现在就承诺采取这个行动！

思考与练习

（1）在工作中，应用"教练辅导工具表"，以同伴一起练习。什么时候？和谁？

（2）产生了什么影响？我的收获是什么？

（3）我的潜在行动是什么？

关键行为汇总

领导他人

第三节 达成结果

资料导读：FACEBOOK 的设计评论会（摘选自 腾讯 CDC 体验设计）

在设计流程中，每周一次为期 2 小时的设计评论是一个重要的环节。我们来展示一下 Facebook 的团队是如何作设计评论的。

1. 建立清晰的角色和定位

每个人都有一个必须扮演的角色，通常可以划分为三类：主讲人、观众和协调者。

● 主讲人就是设计项目的分享者，他的主要任务包括：简要地描述正在试图解决的问题；展示当前的设计或解决方案的内容。主讲人应该提前一天为每个协调者预留出 15-30 分钟的时间来沟通，让他们对次日要展示的设计项目有清晰的了解，而非设计评论会议前一秒再行沟通。

● 观众则是整个设计评论中不参与展示的这一部分人，主要负责了解设计和项目所处的状态和背景，同时提出一系列问题。观众这个角色最重要的功能就是提出大量的问题，这些问题应当尽量揭示设计相关的思路，或者有助于引导设计团队来作决策。提出正确的问题比为特定问题找到正确的答案更重要。例如，对问题范畴提出质疑，可以让主讲人和设计团队重新审视整个设计的视觉语言，从而推动创新的设计，并最终影响整个团队的决策。

● 协调者这个角色的作用包括：提前为每个主讲人的内容、展示时长、观众评论时长制定时间表；确保整个会议中所有人都能依照时间表来运作；为每一轮展示和评论作好记录；对每一个主讲人提出问题："推动设计进行的下一个关键步骤是什么？"并记录下相应的回复。协调者最重要的作用是确保会议中每个角色都是在他们设定的范畴内发挥作用，让观众不要陷入无目的的质疑、提出无针对性的问题或者影响整个流程，让主讲人专注于勾勒设计思路、提出解决方案。可以预先指定一位协调者来管理每周的设计评论会议，如果没有事先指定，也可以让某个主讲人来承担这个任务。

2. 确保每个人都能理解并认同要解决的问题

设计评论会议中，在展示任何设计方案和项目之前，先重申有待解决的问题是非常有帮助的。预先声明设计项目要解决的问题和背景以及为什么要解决这个问题，可以帮助在场的观众对项目有更深入的了解，更加高效地获得用户反馈。这种预先声明可以以下面的格式来呈现：我将要展示一个（前期 / 中期 / 已完成）的设计项目；（想要解决的问题）是这样的；由于（什么样的原因）这个问题需要我们来解决；我想搜集（关于这方面的反馈）来帮我完成设计。

3. 专注于提出反馈而非一味批评

搞清楚有用的反馈和无效的批评之间的区别。"以问题的方式来阐述观点，让设计师能够放下防御的姿态来陈述他们设计的原因。如果有某个特定的角度未曾被考虑到，他们可以用笔记录下来，定位问题，然后在下一次迭代中解决它。"除了搜集这些以问题的形式而存在的反馈之外，我们还鼓励观众在评论环节提出他们对这个设计方案的喜爱之处。提出评论而非批评，两者区别如下：批评直接给出判断，评论则是提出问题；批评直接找差错，而评论揭示机会；批评往往主观，而评论更加客观；批评容易含糊，而评论更加具体；批评倾向于推倒，而评论旨在构建；批评以自我为中心，而评论则是利他的；批评是对抗性的，而评论倾向于合作；批评容易诋毁设计，而评论可以提升设计。

4. 让电脑和手机保持关机

设计评论这个环节旨在探索问题、开拓思路、提升团队协同，而实现这些主要还是通过提问和倾听。如果在这个过程中你需要经常查看电脑或者用手机，就很难专注了。

设计评论是整个团队的努力，而非个人的表演，要充分利用它的价值，需要整个团队所有人都有意识地协作、探索并建立起完整的设计和沟通流程。最后，我们总结了 7 个问题来帮你反思你的团队和设计评论的会议本身：

● 对于将要展示的设计项目，有没有系统的时间表和议程？

● 每个环节的角色界定是否清晰？

● 主讲人是否有将设计项目所面临问题的全貌展示出来？

● 主讲人有没有在整个环节令参会者都保持高度的专注？

● 会议室内的所有人是否都明确了问题框架，每个观众是否都作好了提问的准备？

● 反馈信息的形式是否都是问题而非批评？

● 整个设计评论会议是否让人觉得是在试图提升设计、勾勒问题？

培养达成结果的能力的包括 3 个关键行为：优化团队协作、引导变革进程和持续改善绩效。

一、关键行为 34——优化团队协作

管理学家斯蒂芬·罗宾斯认为：团队就是由两个或者两个以上的，相互作用、相互依赖的个体，为了特定目标而按照一定规则结合在一起的组织。团队的构成要素可以简要总结为 5 个 P，分别为：共识、人、定位、权限、计划。

（1）共识（Purpose）：团队应该有一个既定的共识，为团队成员导航，知道要向何处去，没有共识这个团队就没有存在的价值。团队共识必须跟组织的目标一致，此外还可以把大目标划分成小目标，具体分到各个团队成员身上，大家合力实现这个共同的目标。同时，还应该有效地向大众传播，让团队内外的成员都知道这些共识，有时甚至可以把团队共识贴在团队成员的办公桌上、会议室里，以此激励所有的人为这个共识去工作。

（2）人（People）：人是构成团队最核心的力量，2 个及其以上的人就可以构成团队。目标是通过人员具体实现的，所以人员的选择是团队中非常重要的一个部分。在一个团队中可能需要有人出主意，有人订计划，有人实施，有人协调不同的人一起去工作，还有人去监督团队工作的进展、评价团队最终的

贡献。不同的人通过分工来共同完成团队的目标，在人员选择方面要考虑人员的能力经验如何、技能是否互补。

（3）定位（Place）：团队的定位包含两层意思：团队的定位——团队在企业中处于什么位置，由谁选择和决定团队的成员，团队最终应对谁负责，团队采取什么方式激励下属；个体的定位——作为成员在团队中扮演什么角色，是制订计划还是具体实施或评估。

（4）权限（Power）：团队当中领导人的权力大小跟团队的发展阶段相关，一般来说，团队越成熟领导者所拥有的权力相应越小，在团队发展的初期阶段领导权相对比较集中。团队权限关系体现在以下两个方面：整个团队在组织中拥有什么样的决定权，比如财务决定权、人事决定权、信息决定权等；组织具有什么样的基本特征，比如组织的规模多大，团队的数量是否足够多，组织对于团队的授权有多大，它的业务类型是什么。

5）计划（Plan）：目标最终的实现需要一系列具体的行动方案，可以把计划理解成实现目标的具体工作程序。提前制订计划并且落实执行过程可以确保团队的进度顺利，只有在计划的指导下团队才会一步一步地贴近并最终实现目标，从而最终实现目标。

案例：列恩的团队

列恩毕业于哈佛大学，从事投资银行业务，并且小有成就。列恩坦率健谈，有敏锐的洞察力，并且善解人意。在上一个财政年度中，他带领的团队获得了有史以来最多的红利。在技术泡沫破灭以后，今年的红利总数还不足市场繁荣时的 10%。但是，他所带领的团队仍旧像去年一样努力工作着。虽然他们获得的生意越来越少，但在大多数情况下他们花在工作上的时间却与日俱增。这样就可能出现一个挫败士气的情景：工作更加努力，薪水却更少，还有可能丢掉工作。

列恩知道，如果告诉自己的团队今年年底只能拿到很少的红利的话，团队成员势必会强烈反弹。同时，如果他告诉整个团队不管他们如何努力，最终团队的绩效任务很难达成，那么势必会产生消极影响。列恩必须想出一个万全之策才能解决这个矛盾。

任何人都希望自己能够受到坦诚的、公平的待遇，所以，列恩做的第一件事就是让大家知道今年的红利情况。他把情况和大家说了，然后认真观察每个人的反应。他引导着每个人的期望值，同时指出，随着经济情况的好转，他们的生意会变得多起来，这样红利总数也会增加。然后，他预留出一小部分红利，用来奖励成绩突出且期望值也较高的成员。获得奖励的标准他已经和整个部门的成员讲得很清楚了。尽管列恩要勒紧腰带来使用预算，他还是挤出了一些钱请每个员工吃午餐，以表达对他们工作的认可。他将自己对员工表现的评价以及员工自己的汇报带到午餐会上来，以感谢他长期以来坚持不懈的工作。随着经济的好转，团队再次雇用新员工时，人们发现列恩的团队成员主动离开的人在整个银行中是最少的，而且在此后的第二年成为工作成效最显著的队伍之一。

优化团队协作的行动要点包括：分析团队协作的 4 个方面和优化虚拟团队协作。

1. 分析团队协作的 4 个方面

分析团队协作需要着重考察团队协作的 4 个方面：团队目标、团队职责分配、团队人际关系以及团队工作程序。参见如下"优化团队协作分析表"，每个方面列出 10 个问题，每个问题有从 0 到 5 的 6 个分值选择。4 个方面评估的最高分值是 50 分，将 4 个方面评估的分值结果进行比较，将会发现团队薄弱的方面。同样，比较每个方面调查中所包含的 10 个问题的分值，会发现团队面临的最紧迫的问题。（备注：总分的高低并没有好坏之分，旨在帮助了解你所处团队的优点和缺点，方法是通过把打分结果与团队其他成员的结果进行比较，而并非横向地与其他组织团队的结果相比较。）

请结合自身情况，选择每个问题的数字答案，看看你的团队最符合哪些描述。

表 1　团队目标评估

我从来没有与团队同事讨论过团队目标问题	0 1 2 3 4 5	我经常与同事深入讨论团队目标问题
上次目标讨论会是在一年前召开的	0 1 2 3 4 5	目标讨论会至少每季度召开一次
今年我们的目标不足 3 个，或主要目标多达 6 个以上	0 1 2 3 4 5	今年我们的主要目标定在 3~6 个，比较可行
我们很少探讨衡量团队成功的标准	0 1 2 3 4 5	我们有明确的标准衡量团队成功
我们很少在一起讨论工作业绩	0 1 2 3 4 5	工作业绩是我们经常讨论的主题
目标一旦设定，不会随环境的变化进行调整	0 1 2 3 4 5	一旦意外情况出现，所有成员都可以就目标调整发表意见
只给普通员工而不是管理层制定了明确的责任	0 1 2 3 4 5	团队所有成员包括管理层都有明确责任
经常设定无法实现的目标	0 1 2 3 4 5	设定的目标总是可以达到
我们很少检查个人目标是否与团队目标相符	0 1 2 3 4 5	要查看个人目标是否与团队目标保持一致
没有任何措施保证成员分享目标实现的信息	0 1 2 3 4 5	团队保证成员能够分享目标进展方面的信息

表 2　团队职责分配评估

团队成员的工作职责没有明确说明	0 1 2 3 4 5	每个职位都有书面的职责说明
职责分配不明确，成员经常不清楚自己的具体职责	0 1 2 3 4 5	成员对自己的职责非常清楚
分配任务时经常发生矛盾	0 1 2 3 4 5	工作分配简单明了，团队成员明白自己的职责，能够接受任务
成员缺席时，其他成员不知如何代替	0 1 2 3 4 5	即使有成员缺席，重要的工作依然进展顺利
成员从没有机会从事新的工作	0 1 2 3 4 5	团队不断培养成员，帮助成员胜任新的职位
针对成员缺点，没有任何帮助提高的计划	0 1 2 3 4 5	提高成员的个人素质是经常被提及的问题
我们不公开讨论自己的职责	0 1 2 3 4 5	我们可以自由公开地讨论各自的职责
成员不尊重各自的职责	0 1 2 3 4 5	成员之间互相尊重彼此的职责
非正规方式常常被采用	0 1 2 3 4 5	每个人都采用正规方式，而不去尝试非正规方式
团队的领导职能不明确	0 1 2 3 4 5	团队的领导职能明确

表 3 团队人际关系评估

团队中一些成员瞧不起同事	0 1 2 3 4 5	团队成员之间平等相待
团队成员之间互不信任	0 1 2 3 4 5	团队成员之间互相信任
成员遇到困难不寻求外部支持	0 1 2 3 4 5	成员遇到困难互相讨论解决
团队成员之间除工作之外没有任何其他交流	0 1 2 3 4 5	成员能够恰当地向伙伴提出意见，并愉快地接受他人的意见
找不到问题所在，等发现时为时太晚	0 1 2 3 4 5	能够迅速意识到自己犯的错误，并能够采取正确的措施补救
成员的愤怒和沮丧总是不加掩饰地发泄出来	0 1 2 3 4 5	成员以理性的方式对待愤怒和沮丧
不以朋友的方式对待团队成员	0 1 2 3 4 5	团队成员互相视为朋友，友谊并不影响工作
成员之间发生矛盾，双方无法以双赢的方式解决	0 1 2 3 4 5	成员之间的矛盾能够以双赢的方式解决
决策权和发言权被少数成员控制	0 1 2 3 4 5	成员之间的决策权和发言权是平等的
团队成员对相互关系的感觉与局外人的感觉不同	0 1 2 3 4 5	成员之间的关系与外人感觉到的一样

表 4 团队工作程序评估

团队成员在交流和工作配合方面几乎没有任何可遵循的政策和规程	0 1 2 3 4 5	成员之间在交流和工作配合方面具有明确的、书面的政策和程序
团队成员在讨论重大问题时难以达成一致意见	0 1 2 3 4 5	讨论重大问题时，团队遵循有章可循的决策程序
团队成员解决矛盾没有任何程序	0 1 2 3 4 5	一旦发生矛盾，团队成员根据既定的程序解决
成员之间的交流混乱不堪，没有规则可循	0 1 2 3 4 5	成员间的工作沟通程序明确，成员知道取得所需信息的方式和渠道
成员几乎不遵守正式的规章	0 1 2 3 4 5	大部分情况下成员能够遵守正式的规章
团队不喜欢改变想法	0 1 2 3 4 5	团队鼓励革新
团队的工作程序早已过时	0 1 2 3 4 5	团队的工作程序定期调整，以适应新的技术和工作方式
团队的集体会议通常是浪费时间	0 1 2 3 4 5	团队的会议富有成效，而且能够顺利进行
团队政策偏向于劳动密集型而且耗时的程序	0 1 2 3 4 5	团队政策倾向于工作的完成，而不是防止错误的发生
对不同部门的政策似乎不一致	0 1 2 3 4 5	对所有人的政策几乎都一样，仅有几项必要的例外

思考与练习

（1）应用"优化团队协作分析表"，评估现有工作团队。

（2）我有什么收获？

（3）我的潜在行动是什么？

2. 优化虚拟团队的协作（摘选自《哈佛商业评论》）

虚拟团队指成员分布在不同地理位置的团队，这种形式日益流行。2005 年德勤公司研究了虚拟团队外包 IT 项目的效果，发现 66％ 的团队没能满足客户要求。然而，2009 年进行的一项针对全球 80 个软件开发团队的研究显示，如果管理得当，虚拟团队的业绩能够赶超共用办公空间的团队。那么，如何打造并领导一支高效的虚拟团队呢？以下 4 项"必备条件"值得关注：合适的团队、正确的领导、恰当的接触点以及合适的技术。

（1）合适的团队：如果你雇用不到有能力远程协作的人，将他们组成大小适中的团队，并合理分配工作，那么你将竹篮打水一场空。

● 人员。成功的虚拟团队成员拥有几个共性：良好的沟通能力、高情商、独立工作能力以及在不可避免的混乱中快速适应的韧性。清楚意识到不同文化的存在，并对不同文化保持敏感，这种能力在一个跨国团队中尤为重要。

● 规模。今天的团队规模越来越大，有些处理复杂项目的团队甚至超过百人。但是经验表明，少于 10 人的小型虚拟团队效率最高。一项研究佐证了这一说法：在他们研究的所有虚拟团队中，表现最差的团队都拥有超过 13 名成员。

● 角色。如果项目需要来自不同部门的成员协作，那么可以将人员划分到适当的小分队中，建议将团队成员分为三个等级：核心、运营以及外围。核心包括负责制定战略的高层。运营负责牵头，并在每日工作中作出决定，但是不负责处理核心团队负责的庞大问题。外围由临时成员组成，他们在项目特定阶段介入，贡献自己的专业知识。

（2）正确的领导：管理远程团队成功与否，取决于管理者过去积累的经验。下列行为在管理虚拟团队时至关重要。

● 建立信任。领导者应该在初期鼓励团队成员介绍各自背景，他们希望如何为团队增添价值，以及他们青睐的工作方式。例如，Zappos 创始人谢家华和林爱伦开创了一个名为"幸福传递"的完全虚拟管理的组织。他们采取了一种新颖的方式，让新员工在各自的工作环境中录一段视频，然后展示给团队其他成员。这样，以后员工通过邮件、电话或短信相互联系时，会在脑海中对他人形成意像。注意，关系的建立是一个长期过程，每次召开电话会议的前5分钟，让团队成员分享一个事业上的成就或者个人近况。这或许是在团队成员身处异地时克服隔阂感的最简便方法。

● 鼓励开放对话。领导者在管理分散团队时必须引导成员互相坦诚。在传达负面反馈时，鼓励利用诸如"我可否建议"或者"不如考虑一下这个"的句式。在接收到这种反馈时，应首先感谢提出意见的人，然后明确异议的重点。在电话会议中，可以任命一位团队成员作为"坦率使者"，他的职责是发现并指出人们避而不谈的话题，并且制止缺乏建设性的批评之声。

● 明确目标与准则。从约翰·科特（John Kotter）到奇普·希思（Chip Heath）与丹·希思（Dan Heath），管理大师都意识到树立一个共同目标与愿景的重要意义，也阐述了管理者该如何妥善应对团队成员的个人需求与事业心。因此，要向所有成员明确说明为何组建这支团队，最后将实现什么目标，并且反复重申这两点。

● 明确的团队沟通准则同样关键。研究显示，规则能够降低一个社交群体中的不确定性，继而加强彼此信任，提高生产率。虚拟团队成员通常反映："我以为这是显而易见的"或者"我不知道我需要说明哪一点"。因此，你需要在工作过程中提出明确要求。例如，当你在开完一个有关项目细节的电话会议后，写封邮件跟进以减少误解。

● 电话会议过程中不允许一心多用。最近一项研究表明，82％的人承认自己在电话会议过程中做过其他事情，包括上网和上厕所。但是远程协作要求参会者思绪清晰、全神贯注。要事先向团队阐明规定，会上不时点名，鼓励参会者各抒己见。改用视频会议效果更佳，它能从根本上解决一心多用的问题。

（3）恰当的接触点：虚拟团队应该不时碰面，把握好以下关键时间点。

● 动员会。在第一次召开动员会时，进行面对面交流或视频交流将大有裨益。这种形式有利于团队成员间互相介绍，为之后的信任与坦诚打基础，并明确团队目标及行为准则。眼神交流与肢体语言能帮助建立人际关系与快速形成信任感，使一群陌生人在打下协作基础前就能顺利合作。

● 入职时。通常情况下，新员工加入虚拟团队的流程由一系列邮件、旨在彼此了解的电话会议以及成堆的资料组成，这要求新成员阅读大量信息并将其消化。更好的做法是，用面对面的交流替代文件传输。给他们提供前往总部或其他地点的机会，与可能影响其成功的人见面，鼓励他们与其他成员视频通话。

● 重要时刻。虚拟团队领导需要不断鼓舞成员尽力而为，但是邮件提醒与每周的电话会议不足以令员工保持干劲。尤其在一个规模较大的团队中，缺乏可视化提醒或肢体语言还可能引发误解。团队成员逐渐疏远，丧失积极性，导致最后减少对项目的贡献。因此当团队实现了短期目标或解决了艰深问题时，应该给团队成员一个共同庆祝的机会。

（4）合适的技术

● 电话会议。使用不要求通行密码（以便成员开车时也能参与），在会议过程中能够轻松录音，并备有将录音自动转为文字功能的系统。能记录每位成员说话与聆听时长的系统最佳。此外，可以考虑使用一对一或小组视频会议，视觉呈现能更好地激发成员同理心与信任感。鼓励异地成员进行实时通话，广受青少年追捧的短信也是一种保持人际关系的有效方式。

● 研讨论坛或虚拟社群。从微软的 SharePoint 到 Moot，一系列办公软件使协作办公成为可能，成员能通过这些工具把想法展现给整个团队，同事可以在闲暇时了解内容或发表评论。学者将这种协作称为"混乱对话"，认为它对完成复杂项目至关重要。人们可以针对自己职责范围之外的话题各抒己见，贡献有意义的想法。研究显示，解决问题的最佳方法通常来自意想不到的源头。所有沟通如果都能记录下来的话，就形成了一个可供搜索的巨大数据库。

思考与练习

（1）将优化虚拟团队的协作的4招与一位工作伙伴分享。什么时间？和谁？

（2）我的收获是什么？

（3）我的潜在行动是什么？

二、关键行为 35——引导变革进程

自我测试：你是变革领导者吗？

回想你目前或最近的一份全职工作。根据你在这份工作中的观点和行为来回答下面 10 个问题，选择适当的分数：1/ 非常不同意；2/ 有点不同意；3/ 既不同意也不反对；4/ 有点同意；5/ 非常同意。

（1）我经常试图对工作流程进行改进。

（2）我经常试图改变自己的工作方式，从而实现更有效。

（3）我经常为工作小组或部门带来改进的流程。

（4）我经常制定一些新的工作方式，能给组织带来更高效率。

（5）我经常试图改变那些低效或无效的组织规定或政策。

（6）我经常就组织里的各项运作提出建设性意见。

（7）我经常试图修正一个不完美的流程或实践方法。

（8）我经常试图消除那些多余或不必要的程序。

（9）我经常试图执行那些有效方案来解决组织面临的问题。

（10）我经常试图引进新的结构、技术或方法来提高效率。

将你选择的所有数字相加然后除以 10，得到平均分：_____。

这个练习测试了人们在工作中领导变革的程度。变革型领导者也被看做是变革发起者。在采用这份问卷进行的最初研究中，由变革型领导者的同事对他们进行评分，平均分为 3.84。如果得分高于 4 说明有很强烈的负责进行变革的态度；如果得分低于 2，则说明一种让别人负责领导变革的态度。

通用电气前首席执行官杰克·韦尔奇曾经指出："在外部变化的速度超过内部变化的速度时，组织的末日就会来临。组织必须不断地变革，不仅是为了

成功，也是为了在当今世界生存。"变革无处不在，个人管理的优化和个人参与的社交互动过程，同样面临严峻的挑战。彼得·德鲁克提醒我们："我们不能管理变革，不过，我们可以领导变革。"领导变革，我们可以将个体的转变过程划分为 3 个有序的阶段，分别为：回避、抵触和接受。如下图所示：

个人转变的3个阶段

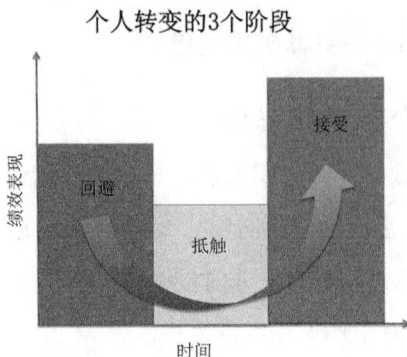

（1）回避阶段

回避是个体对变革的一种正常初始反应，个体通过这种防卫机制拒绝承认即将来临的变革，设法通过忽视转变来保护过去的舒适状态。在回避阶段可能会听到的语言有："这不可能发生；先不去理它，事情很快就会过去的。"可能会看到的行为有：态度冷漠；继续采用过去的方式工作；疏远那些支持变革的人和事。

（2）抵触阶段

在抵触阶段，个体已经承认变革的影响，但仍没有完全"接受"。个体对变革感到不适，而且不知道该如何作出调整。在抵触阶段可能会听到的语言有："我不喜欢改变原有的工作方式；有必要这样做吗？我看很难办；他们不知道自己在做什么。"可能会看到的行为有：缺乏工作热情；工作表现下降；发牢骚；设法劝说他人变革不会有效果。

（3）接受阶段

在接受阶段，个体会尝试了解需要做什么工作和如何去做，员工开始逐步参与到变革过程，并有所贡献。在接受阶段可能会听到的语言有："我们可以试一试；现在这个确实管用多了；还可以做点什么？"可能会看到的行为有：减少对变革的抱怨；恢复了充沛的精力；提出如何参与到变革中的问题；自愿尝试他们以前从未做过的事情；高质量工作。

引导变革进程的行动要点包括领导自我应对 3 阶段和领导他人跨过边界。

1. 领导自我应对 3 阶段

个人转变的 3 阶段反映了人们对变革如何思索与感受的转变过程，针对不同阶段的特点，在领导自我方面，可以采取不同的应对行动。

实践指导：

（1）度过回避阶段

● 审视您自己的假设，努力接受新观念。

● 承认问题可能会多于答案，对事情保持客观评价。

● 询问同事和团队成员对变革的想法。

（2）度过抵触阶段

● 永远不要说"我不能"，将你的行动和能量关注在能够控制的事情上，让其余的顺其自然。

● 会见经理，将工作的优先级重新排序，确保理解你需要做哪些不一样的事情，并询问如何能最有效地利用你的技能。

● 从谣言中分辨事实，澄清变革的影响，与其他前进的人建立联系形成网络。

（3）度过接受阶段

● 明确在新的变革下的不同要求。

● 制订计划培养所需的能力。

● 对工作提出改进的建议，尝试不同的方式。

联结实践：参照对应 3 阶段的实践指导，我的强项是什么？我的短板是什么？

2. 领导他人跨过边界

领导他人跨过边界是指作为变革的领导者，帮助其他个体跨过转变过程的边界。针对不同边界的特点，我们需要注意不同的问题，采取不同的应对行动。

实践指导：

（1）跨过从回避到抵触阶段的界线

为促进跨越此界线，变革领导者需要注意下列问题：

- 什么会改变？
- 变革为什么重要？
- 变革与团队的共识如何保持一致？
- 变革与利益关系人的需求如何保持一致？
- 为了和我的内部与外部客户沟通，我需要如何准备？

建议领导者采取的行动：

- 沟通变革的紧迫性，可以说"我不知道"，但不要捏造事实。
- 做不到的，不要许诺。
- 坦诚、开放地探讨变革对个人、团队和客户可能造成的影响。
- 组织团队成员参与到有关变革的讨论，鼓励他们提问和分享感受。
- 经常同员工沟通变革动态消息、情况和后续步骤。

（2）跨过从抵触到接受的界线

为促进跨越此界线，变革领导者需要注意下列问题：

- 哪些人认同变革？哪些人是变革过程的支持者？
- 有哪些影响巨大的关键人物？
- 哪些人可能会抵制变革？关键问题是什么？
- 如鼓励参与，如何使员工更多介入到解决问题的过程中？
- 如何帮助大家认识到变革的现实意义和可行性？

建议领导者采取的行动：

- 了解不同个体对变革的不同感受。
- 在沟通中持续保持公开和坦诚。
- 确定谁会支持变革并将其视为拥护者。

● 确定谁会抵制和抵制的可能原因，以及克服这种抵制将采取的行动。

● 欢迎提出问题和顾虑，积极聆听，给予支持，相信其他人处理变革的能力。

（3）接受并保持应变灵活性：

要继续保持应变灵活性，变革领导者需要注意下列问题：

● 实施变革的关键行动是否已经明确？

● 给个人分配了结果责任吗？

● 期望成果与业务目标有明显关联吗？

● 将用什么测量方法确定该变革是否成功？

● 我们将如何认可和奖励支持该变革的行为？

建议领导者采取的行动：

● 为每位团队成员设定短期的、可实现的、可衡量的目标。

● 支持团队成员提高现有技能和拓展新技能，提供实现新目标所需要的资源。

● 要求已渡到抵触阶段的团队成员辅导还受困于先前阶段的同事。

● 确定将如何衡量进程，征求他人对变革的效率和进程的反馈。

● 认可和奖励团队为达到目标所付出的努力，关注影响团队不断变化的业务因素。

联结实践：参照跨过边界的实践指导，我的强项是什么？我的短板是什么？

资料导读：变革期间的领导者沟通技巧（摘选自 网络论坛）

（1）收集所需要的信息去清晰、完整、准确地沟通变革。

（2）充分准备，制定一份书面稿及预期问题的答案，事先预演要沟通的信息。

（3）考虑受众，要清楚员工的性情和个性，预期个人反应。

（4）快速切入主题，言谈简明扼要。

（5）通过提问方式来了解员工对变革的理解，听取他人的意见和疑问，并认真回答。

（6）不要陷入讨论特定员工的情境。

（7）明确能说的和不能说的，对不知道的或不能回答的问题要坦诚。

（8）不要卷入对将来变革的推测之中，设法阻止对正在进行的变革影响掺杂个人的意见。

（9）假如员工保持沉默，别感到惊讶。尽力发现需要事后单独交谈的员工。

（10）在沟通过程中须清楚地解释后续步骤，以及有哪些可用的支持资源（例如，人力资源）。

（11）给出您个人的承诺和义务去持续提供支持，提供一对一的跟进探讨。

（12）用书面资料加强您的信息。

三. 关键行为 36——持续改善绩效

持续改善（KAIZEN）方法最初是一个来自日本的管理概念，指逐渐、连续地实现改善。KAIZEN 的字面意义就是：通过改（Kai），而变好（Zen）。持续改善是今井正明在《改善——日本企业成功的关键》一书中提出的，涉及每一个人、每一环节的连续不断的改进。KAIZEN 实际上是一种生活方式哲学，强调应当经常改进我们生活的每个方面。在工作中实践 KAIZEN，需要关注如下细则：

● 确保两个基本功能：保持和改善。保持包括所有保证了现有技术以及与工作标准相符的活动，努力使团队内的每个人都按照标准的流程来做工作；而完善则是对现有工作的改进和提高。

● 强调以过程为主的思考方式，侧重于通过不断的努力取得细小的改善。应用 PDCA 循环，以团队协作的方式推动改善进程。PDCA 循环包括：计划（plan）是指为了达到改善的目标而制定目标或行动计划（因为 KAIZEN 是动态的不断完善的过程，所以目标也应不断进行更新）；做（do）是指按计划执行工作；检查（check）是指检验工作是否按计划被执行，并朝所预定的方向发展；调整（adapt）是指通过对新的工作步骤的标准化来避免原问题的重复发生，并为下一步的改善制定目标。

● 鼓励团队成员由下而上地参与。促进个体表现的措施包括：使员工明白（领导的）期望；解释为什么；以事实服人；培训怎样做；建立质量保证小组；发出具体的指令；（领导）参与标准的制定；进行过程评估；对检测结果给予反馈；将取得的进步可视化；排除障碍；记录员工正确完成的工作；表彰微小的进步；建立奖励机制；创造一种"敢言"的氛围；（领导）对问题采用开放的态度；发掘合理化建议；使客户也参与进来等。

记得有一次，我列席客户的管理会议。午后的阳光透过窗纱，洒落在会议桌的一角，会议进展顺利。会议休息时，客户的总裁问到我有什么建议，我简要介绍了持续改进的方法。出乎意料的是客户直视着我，打断了我的发言："David，你太学院派了。我们知道该做什么。只是，我们不知道如何才能做好！"当时的情景，我至今记忆犹新。的确，上述几点说明对持续改善作了进一步的解读，但是面对现实的挑战，我们想要做得更好，又该从哪里寻找突破呢？

小心持续改善进程的常见误区：

（1）我们的方案没有持续贴紧现实！再精妙的解决方案也必须以事实为基础。我们对现实的评估、过程的衡量以及细微改进的确认远远不够，尤其体现在数字化衡量的精确度上。

（2）我们太忙碌了！贪图安逸、惧怕风险或者贪多求全分散了我们的注意力。

（3）我们在实施过程中延续了过多的计划思维，往往强调对阶段性结果的把握，而忽视了改善过程中行动关键细节的推进。

（4）我们专注于过程控制，强调工作流程和作业规范，而忽视了调动个体的参与、投入和承诺。

持续改善进程的行动要点包括持续衡量、确保聚焦、关注细节和维护承诺。

1. 持续衡量

没有衡量，就不会有精确的改进。持续衡量强调在实施过程中，衡量阶段性目标的达成和行动细节的落实。

（1）应用 SMART 原则衡量目标。

● S 即 specific，代表具体的，指绩效考核要切中特定的工作指标。

● M 即 measurable，代表可度量的，指绩效指标是数量化或者行为化的，验证这些绩效指标的数据或者信息是可以获得的。

● A 即 attainable，代表可实现的，指绩效指标在付出努力的情况下可以实现，避免设立过高或过低的目标。

● R 即 relevant，代表相关性，指实现此目标与其他目标的关联情况。

● T 即 time－based，代表有时限，注重完成绩效指标的特定期限。

例如：在 5 月 30 日前，完成 60%VIP 客户的实地访谈。

（2）评估每日或每周的改进，衡量行动细节。

例如：每日完成 10 个发掘潜在客户的邀约电话。

（3）在衡量过程中，要考虑数据的客观性和获得数据的可操作性。切记，衡量进程不是最终目的，是实现目标的手段。

例如：销售回款会比销售合同金额更客观地反映业务进展；衡量邀约电话数量比衡量邀约电话质量更具可操作性。

思考与练习

（1）在目前工作中，我们团队的工作目标是什么？如何衡量？

（2）我有哪些推动目标达成的日常工作行为？

（3）我的上述日常工作行为表现得如何？怎样具体衡量？

2. 确保聚焦

确保聚焦强调在实施过程中，遵循 80/20 定律，聚焦至关重要的目标和推进重要目标的关键日常行动。

（1）聚焦至关重要的目标

明确区分保持工作内容和改善工作内容，探讨如下关键问题："在确保日常工作运转的前提下，我们可以努力实现的一个能够获得最大收益的改进目标是什么？"目标越少，聚焦效果越好，建议最多不要超过 2 个。

（2）聚焦推进至关重要目标的日常关键行动

甄选关键行动，考虑候选行动与目标的关联度，包括在过程中我们可影响的难易程度。例如：对于目标——瘦身而言，每日运动比保持良好睡眠推进目标实现的关联度更强；每日运动比每周减轻的体重更具可影响性，即我们每日更容易通过努力去促进改变。

（3）持续分析衡量对象，明确并调整优先级，确保聚焦的现实有效性。即，不断调整，聚焦衡量真正有效的至关重要的目标和相应的关键日常行动。切记，客观情况持续变化，可利用的资源有限，若衡量内容太多，则成本太高，并且不利于现实操作。

思考与练习

（1）在目前工作中，我们团队的一个最重要的工作目标（即改进突破）是什么？

（2）为了推动最重要工作目标达成，我的1–3项日常关键工作行动是什么？

（3）为了确保聚焦，我们如何调整现有的衡量方式？应该重点突出什么？

3. 关注细节

（1）在既定目标下，不断衡量和调整过程中的行动细节。例如，关于锻炼身体，从每日慢跑5公里调整为每日步行60分钟。

（2）借鉴最佳实践经验，从成功中提取经验和拓展创新尝试。例如，关于锻炼身体，借鉴同伴午间休息时运动的经验，调整每日运动时间。

（3）总结失败案例，从问题中吸取教训并加强预防性措施的实施。例如，关于锻炼身体，鉴于忙碌时难以坚持，将运动衣和跑鞋放入汽车的后备箱，同时设置闹铃提醒。

（4）行动细节应确保以事实为基础。例如，关于锻炼身体，针对自身状况，从每日慢跑5公里调整为6公里。

（5）细节的关注必须落实到一线责任人员的日常具体行为。例如，关于锻炼身体，确保落实到个人的每日具体行动。

思考与练习

（1）在目前工作中，我们是如何衡量日常工作细节行动的？

（2）我们目前是如何改进个人的日常工作细节行动的？

（3）关于改进个人的日常工作细节行动，每个人的责任清晰吗？如何衡量？

4. 维护承诺

通过目标沟通会、每周例会和每日碰头会，充分讨论，确保改善进程中的人员参与、投入和承诺。

（1）召开目标沟通会，提升个体对共同改进目标的承诺。

（2）召开每周例会，鼓励个体参与关键行动细节的探讨，提升个体对关键行动细节的承诺。

（3）随时随地召开每日碰头会，公示改善进程的明确衡量结果，提升个体对改善进程的承诺。

（4）应用前文中提到的 KAIZEN 鼓励团队成员由下而上地参与，促进个体表现，将领导他人与管理流程紧密结合。

思考与练习

（1）在目前工作中，我们是如何召开目标沟通会的？

（2）在目前工作中，我们是如何召开每周例会的？

（3）关于随时随地公示改善进程的明确衡量方式，我们现在是怎么做的？

关键行为汇总

达成结果

优化团队协作

引导变革进程　持续改善绩效

第六章
制订个人 行动计划

　　祝贺您完成了《高情商人士的 12 项核心能力》的阅读和练习！在最后一章，我们将为您汇总 36 个应用模块，协助您制订个人行动计划，明列您可以借鉴的后续资源和参考文献。我们期待着您顺利开启个人的实践之旅。

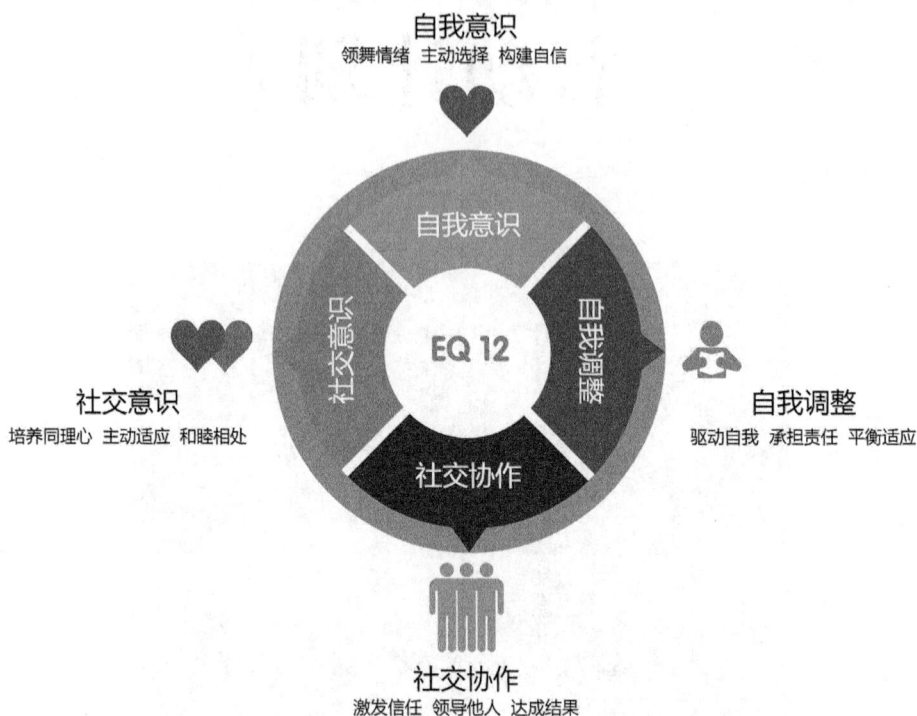

高情商人士的12项核心能力（EQ12）

请从微信公众号：培养情商  下载相关实用工具的电子版本。

　　个人实践 5 步法的应用过程，从设计理想化的自我开始，通过与真实的自我进行对比，制订个人行动计划，以便在理想和现实之间搭建桥梁。在实施计划的过程中，通过构建伙伴关系，督促个体落实改变行动，坚持不懈，循环往复。

促进自主学习的5个步骤

理想自我　真实自我　制定计划　重复练习

培养支持和信任的伙伴关系

一、设计理想化的自我："我想要成为什么样的人？"

● 作为一位高情商人士，从现在开始 10 年后我将是什么样的？

● 请描述如果所有的事情都步入正轨，典型的一天是什么样的。

二、站在他人角度审视自己："我现在是什么样的人？"

● 从尽可能多的人那里搜集反馈信息，我计划什么时间向同伴征询反馈？

同事、下属、老板、家人、朋友

自我测试：完成以下情商自测问卷——国际标准情商测试题

这是一组欧洲流行的测试题，众多世界 500 强企业曾以此作为员工 EQ 测试的模板，以帮助员工了解自己的 EQ 状况。共 33 题，测试时间 25 分钟，最大 EQ 为 174 分。

第 1-9 题：请从下面的问题中选择一个和自身情况最切合的答案。

1. 我有能力克服各种困难：＿＿＿＿＿

A. 是的　　B. 不一定　　C. 不是的

2. 如果我能到一个新的环境，我要把生活安排得：＿＿＿＿＿

A. 和从前相仿　　B. 不一定　　C. 和从前不一样

3. 一生中，我觉得自己能达到我所预想的目标：＿＿＿＿＿

A. 是的　　B. 不一定　　C. 不是的

4. 不知为什么，有些人总是回避或冷淡我：＿＿＿＿＿

A. 不是的　　B. 不一定　　C. 是的

5. 在大街上，我常常避开我不愿打招呼的人：_____

A. 从未如此　　B. 偶然如此　　C. 有时如此

6. 当我集中精力工作时，假使有人在旁边高谈阔论：_____

A. 我仍能用心工作　　B. 介于 A、C 之间　　C. 我不能专心且感到愤怒

7. 我不论到什么地方，都能清晰地辨别方向：_____

A. 是的　　B. 不一定　　C. 不是的

8. 我热爱所学的专业和所从事的工作：_____

A. 是的　　B. 不一定　　C. 不是的

9. 气候的变化不会影响我的情绪：_____

A. 是的　　B. 介于 A、C 之间　　C. 不是的

第 10—25 题：请如实回答下列问题，将答案填入右边横线处。

10. 我从不因流言蜚语而气愤：_____

A. 是的　　B. 介于 A、C 之间　　C. 不是的

11. 我善于控制自己的面部表情：_____

A. 是的　　B. 不太确定　　C. 不是的

12. 在就寝时，我常常：_____

A. 极易入睡　　B. 介于 A、C 之间　　C. 不易入睡

13. 有人侵扰我时，我：_____

A. 不露声色　　B. 介于 A、C 之间　　C. 大声抗议，以泄己愤

14. 在和人争辩或工作出现失误后，我常常感到震颤，精疲力竭，不能继续安心工作：_____

A. 不是的　　B. 介于 A、C 之间　　C. 是的

15. 我常常被一些无谓的小事困扰：_____

A. 不是的　　B. 介于 A、C 之间　　C. 是的

16. 我宁愿住在僻静的郊区，也不愿住在嘈杂的市区：_____

A. 不是的　　B. 不太确定　　C. 是的

17. 我被朋友或同事起过绰号、讥讽过：_____

A. 从来没有　　B. 偶尔有过　　C. 这是常有的事

18．有一种食物使我吃后呕吐：_____

A. 没有　　B. 记不清　　C. 有

19．除去看见的世界外，我的心中没有想象的世界：_____

A. 没有　　B. 记不清　　C. 有

20．我会想到若干年后有什么使自己极为不安的事：_____

A. 从来没有想过　　B. 偶尔想到过　　C. 经常想到

21．我常常感觉到自己的家庭对我不好，但是又确切地认为他们的确想对我好：_____

A. 否　　B. 说不清楚　　C. 是

22．我每天一回家就马上把门关上：_____

A. 否　　B. 不清楚　　C. 是

23．我坐在小房间里把门关上，但仍觉得心里不安：_____

A. 否　　B. 偶尔是　　C. 是

24．当一件事需要我作决定时，我常觉得很难：_____

A. 否　　B. 偶尔是　　C. 是

25．我常常用抛硬币、翻纸、抽签之类的游戏来猜测凶吉：_____

A. 否　　B. 偶尔是　　C. 是

第26-29题：下面各题，请按实际情况如实回答，仅需回答"是"或"否"即可，在你选择的答案后打"√"。

26．为了工作我早出晚归，早晨起床我常常感到疲劳不堪：是_____否_____

27．在某种心境下我会因为困惑陷入空想而将工作搁置下来：是_____否_____

28．我的神经脆弱，稍有刺激就会使我战栗：是_____否_____

29．睡梦中我常常被噩梦惊醒：是_____否_____

第30-33题：请选择与自己最切合的数字答案。答案标准如下：1. 从不　2. 几乎不　3. 一半时间　4. 大多数时间　5. 总是

30．工作中我愿意挑战艰巨的任务。1 2 3 4 5

31．我常发现别人好的意愿。1 2 3 4 5

32．我能听取不同的意见，包括对自己的批评。1 2 3 4 5

33．我时常勉励自己，对未来充满希望。1 2 3 4 5

参考答案及计分评估：计分时请按照记分标准，先算出各部分得分，最后将几部分得分相加，得到的分值即为你的最终得分。

第 1–9 题，每回答一个 A 得 6 分，回答一个 B 得 3 分，回答一个 C 得 0 分。计 ＿＿＿ 分。

第 10–25 题，每回答一个 A 得 5 分，回答一个 B 得 2 分，回答一个 C 得 0 分。计 ＿＿＿ 分。

第 26–29 题，每回答一个 "是" 得 0 分，回答一个 "否" 得 5 分。计 ＿＿＿＿ 分。

第 30–33 题，从左至右分数分别为 1 分、2 分、3 分、4 分、5 分。计 ＿＿＿＿ 分。

总计为 ＿＿＿＿ 分。

如果得分在 90 分以下，说明你的 EQ 较低。你常常不能控制自己，极易被自己的情绪所影响。很多时候，你轻易被激怒、发脾气，这是非常危险的信号——你的事业可能会毁于你的暴躁。对此最好的解决办法是能够给不好的东西一个好的解释，保持头脑冷静，使自己心情开朗。正如富兰克林所说："任何人生气都是有理由的，但很少有令人信服的理由。"

如果得分在 90 ~ 129 分，说明你的 EQ 一般。对于一件事，你不同时候的表现可能不一样，这与你的意识有关，你比前者更具有 EQ 意识，但这种意识不是常常都有，因此你需要多加注重、时时提醒自己。

如果得分在 130 ~ 149 分，说明你的 EQ 较高。你是一个快乐的人，不易惊恐担忧，对于工作你热情投入、敢于负责，你为人正直，富有同情心，这是你的长处，应该努力保持。

如果分值在 150 分以上，那你就是个 EQ 高手。你的高情商不但是事业的助手，更是你事业有成的一个重要前提条件。

三、制订行动计划："如何从现实的自我变成理想的自我？"

澄清想要成为什么样的人，并且已经将其与真实的自己进行比较，接下来就需要制订一个明确的学习计划日程表。坚持 60 日行动，从培养习惯开始。

塑造我的情商好习惯个人行动汇总：

- 领舞情绪，我将采取的新的惯常行为是：_____。
- 主动选择，我将采取的新的惯常行为是：_____。
- 构建自信，我将采取的新的惯常行为是：_____。
- 驱动自我，我将采取的新的惯常行为是：_____。
- 承担责任，我将采取的新的惯常行为是：_____。
- 平衡适应，我将采取的新的惯常行为是：_____。
- 培养同理心，我将采取的新的惯常行为是：_____。
- 主动适应，我将采取的新的惯常行为是：_____。
- 和睦相处，我将采取的新的惯常行为是：_____。
- 激发信任，我将采取的新的惯常行为是：_____。
- 领导他人，我将采取的新的惯常行为是：_____。
- 达成结果，我将采取的新的惯常行为是：_____。

四、持续的重复练习："我怎样才能使变革成果稳定不变？"

要想培养新习惯，必须有意识地坚持重复行动，直至形成一种不思而为的行为。只有到那时，大脑中新的思维回路才能取代旧的思维回路。

养成新习惯的最佳方式就是练习，不过，有时即使是想象一下新行为是怎样的也能收到成效。关于大脑的研究肯定了想象方法的好处：在细节上以生动逼真的形式来想象某件事情，实际上可以激活所有与该事情的完成相关的大脑细胞。甚至当我们仅仅在思维中重复这一过程时，新的大脑回路也会按这一方式运行，并且会强化其中的联系。

五、建立支持和信任的伙伴关系："谁能够帮助我实现这些改变？"

如果没有他人的帮助，我们就不能提高情商和改变自己的领导风格。我们不仅与他人一起练习，而且还依赖他们去创建一个安全的试验环境。关于我们的行为如何影响他人以及如何评估我们在学习计划日程表中的进展，都需要从他们那儿获得相应的反馈。

在这个我们自导自演的学习计划中的每一步，我们都要借助别人的力量。从认清并界定理想的自我，使之与现实的自我进行对比，到最终关于我们进展状况的评估，都是如此。难能可贵的是，伙伴关系为我们提供了真实的背景，从中可以了解我们的进步以及我们正在学习的东西的有用性。

后续资源和参考文献

一、后续资源

1. 个人实践流程图

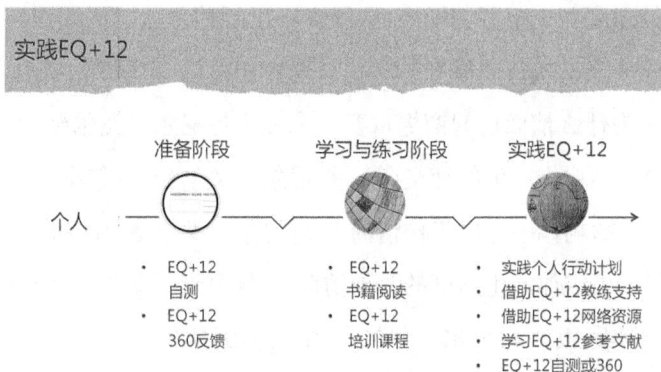

实践EQ+12

| | 准备阶段 | 学习与练习阶段 | 实践EQ+12 |

个人

- EQ+12
  自测
- EQ+12
  360反馈

- EQ+12
  书籍阅读
- EQ+12
  培训课程

- 实践个人行动计划
- 借助EQ+12教练支持
- 借助EQ+12网络资源
- 学习EQ+12参考文献
- EQ+12自测或360

2. 支持个人实践的方式：2 ～ 3 日的培训课程、手机端 APP 下载、微信公众号平台服务以及音频和视频资源的网络分享等。

个人教练微信：　　　　　　　　邮箱：13501029557@139.com

3. 支持组织实践的方式：情商培训课程的授权认证以及培训项目的设计与实施。

培养情商（微信公众号）： 邮箱：mencerchina@gmail.com

二、参考文献：

《高效能人士的七个习惯》［美］史蒂芬·柯维 中国青年出版社

《实践 7 个习惯》史蒂芬·柯维 中国青年出版社

《生命中最重要的》［美］希鲁姆·史密斯 中国青年出版社

《圣丹斯诺言》［美］史蒂芬·柯维 中国青年出版社

《第八个习惯》史蒂芬·柯维 中国青年出版社

《高效能家庭的 7 个习惯》史蒂芬·柯维 中国青年出版社

《信任的速度》史蒂芬·柯维 中国青年出版社

《高效能人士的执行 4 原则》［美］麦克切斯尼 中国青年出版社

《情商：为什么情商比智商更重要》［美］丹尼尔·戈尔曼 中信出版社

《情商 2：影响你一生的社交商》丹尼尔·戈尔曼 中信出版社

《情商 3：影响你一生的工作情商》丹尼尔·戈尔曼 中信出版社

《情商 4：决定你人生高度的领导情商》丹尼尔·戈尔曼 中信出版社

《情商：实践版》丹尼尔·戈尔曼 中信出版社

《习惯的力量》［美］查尔斯·都希格 中信出版社

《中国哲学史》冯友兰 北京大学出版社

《我和你》［德］马丁·布伯 商务印书馆

《爱的觉醒》［印度］克里希那穆提 深圳报业集团出版社

《心理学与生活》［美］格里格·津巴多 人民邮电出版社

《管理学》［美］斯蒂芬·罗宾斯 中国人民大学出版社

《经济学原理》［美］曼昆 北京大学出版社

《领导学原理与实践》［美］理查德·达夫特 电子工业出版社

《科学管理原理》［美］费德里克·泰勒 中信出版社

《德鲁克论领导力》［美］威廉 A．科恩 机械工业出版社

《领导梯队》［美］拉姆·查兰 机械工业出版社

《创新与企业家精神》［美］彼得·德鲁克 机械工业出版社

《执行》拉姆·查兰 机械工业出版社

《多元智能理论与儿童的学习活动》［美］霍华德·加德纳 北京师范大学出版社

《现在，发现你的优势》［美］马库斯·白金汉 中国青年出版社

《为什么当时没忍住》［法］罗伯特·瑞里 北京时代光华书局

《读心术》［瑞典］亨里克·费克萨斯 山西人民出版社

《提问的艺术》［美］安德鲁·索贝尔 中国人民大学出版社

《你会提问吗》［美］ 迈克尔·马奎特 中信出版社

《关键对话》［美］科里·帕特森等 机械工业出版社

《哈佛商学院最受欢迎的领导课》 ［美］罗伯特·史蒂文·卡普兰 中信出版社

《如何高效学习》加 斯科特·扬 机械工业出版社

《怪诞行为学：可预测的非理性》［美］丹·艾瑞里 中信出版社

《组织行为学》［美］斯蒂芬·P·罗宾斯 中国人民大学出版社

《管人的真谛》斯蒂芬·P·罗宾斯 中国人民大学出版社

《赢》［美］杰克·韦尔奇 中信出版社

《杰克·韦尔奇自传》杰克·韦尔奇 中信出版社

《幸福的方法》［美］本·沙哈尔 中信出版社

后 记

让我的爱，像阳光一样，包围着你，而又给你光辉灿烂的自由。

——泰戈尔

咖啡厅里嘈杂的人声像飞舞的隐身蚊虫，落地窗外来来往往的路人在各自忙碌着，透过玻璃上的斑驳泥点，恍然间一切仿佛都置身外空间，漫无目的地飘荡着……整个世界看上去好像是一个花纹大鱼缸。停车场有汽车在启动，还有汽车在游荡着寻找车位。一辆快递小车颠簸着跑过，小哥背挺直，目光坚定，两手紧攥车把，如同正在护送着身旁一位名叫忙碌的姑娘。不远处有一对年轻人在阳光下漫步闲谈，炫耀着青春和温情。看车场的汉子戴着遮阳帽，好半天没动地方，安静得仿佛是一个稻草人。

"都闲坐了 10 分钟了，是不是有点失落呀？有必要开心吗？" 10 分钟的空闲都会引发挥霍后的困扰感，我不禁暗想："回家一定要找出那本新买的有关体验无聊的书来读一读。"我试着挺直了些脊背，猛然间想起，莎士比亚在《罗密欧与朱丽叶》剧本中有一句话："要对自己忠实，并持久坚持，这样你就不会对他人虚情假意。"不知不觉间，身体又慢慢地松弛了下来。

多年讲课形成了习惯，每逢课间午休我总喜欢安静地独自喝杯咖啡，或随感而发，或胡思乱想。生活如此多彩，有太多的细节和无限的可能性值得我们倾心体验。洛桑大学的约翰·安东阿克伊斯教授曾提醒我们："日常惯例与巫术科学正在遥遥领先于严谨的研究。"同时，沃顿商学院的亚当·格兰特教授在《情商的黑暗面》一文中写道："自 1995 年丹尼尔·戈尔曼的畅销书出版以来，情商一直备受领导者、决策者和教育工作者的推崇，它被看做是解决各种社会问题的灵丹妙药。情商固然重要，但是人们的满腔热情掩盖了它的黑暗面。新的证据提醒我们，当人们磨炼自己管理情绪的技巧时，他们变得更擅长操纵别人。当你善于控制自己的情绪时，你能掩饰自己的真实感受。当你了解别人的感受时，你可以撩动他们的心弦，促使他们与自身的最大利益背道而驰。"

的确，面对情商领域的无尽探索，我们始终务求确保心存敬畏。培养情商的研究工作任重道远，目前我们正在致力于 K12 教育玩具和成人培训游戏的研究与开发项目，希望能够将情商的学习过程立足于丰富生动的情景体验，力求"精于心并简于行"。

感恩亲爱的妻子燕林、女儿繁湉和母亲延钊。

感谢新加坡 MENCER 咨询在市场调研、资料汇总、内容精制、应用模块论证和实用工具设计等方面对本书的投入与支持。

感谢新华出版社的朱思明编辑在成书过程中付出的专业支持与辛勤贡献。

让我们携手同行，实践《高情商人士的 12 项核心能力》。祝愿每位读者都能拥有丰盛美满的幸福生活……